著・森重湧太

Yuta Morishige

プレゼン資料が劇的改善

見やすい資料の
一生使える
デザイン入門 完全版

JN006867

インプレス

見やすい資料の

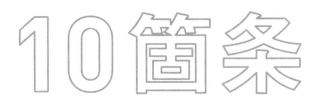

10箇条

① 「☐☐☐☐☐ スライド＝

☐☐☐☐☐ メッセージ」になっている

② ☐☐☐☐☐ が高いフォントを使う

③ 色は基本 ☐☐☐☐☐ 色を使う

④ 色の ☐☐☐☐☐ を決めて配色している

⑤ 脱・☐☐☐☐☐ 書き

空白部分に入る言葉があなたはわかりますか？
答えは次の見開きへ！

⑥ 文字や図形の ［　　　　　　　］ がシンプル

⑦ 情報が ［　　　　　　　］ にならないよう

　情報を ［　　　　　　　］ している

⑧ 情報の ［　　　　　　　］ 化を行っている

⑨ テキストや図が ［　　　　　　　］ されている

⑩ 情報と情報の間には ［　　　　　　　］ を
　とっている

見やすい資料の

10箇条 の 答え

1. 「 1 スライド＝ 1 メッセージ」になっている

2. 視認性 が高いフォントを使う

3. 色は基本 3色 色を使う

4. 色の 役割 を決めて配色している

5. 脱・ 箇条 書き

本書を読み終える頃には
この10箇条に当てはまる
資料に変わります！

6 文字や図形の 装飾 がシンプル

7 情報が 冗長 にならないよう
情報を 凝縮 している

8 情報の グループ 化を行っている

9 テキストや図が 整列 されている

10 情報と情報の間には 余白 を
とっている

資料のデザインは
「学べば誰でも改善できる」

　私が初めて資料を作成したのは中学校の情報の授業でした。その後、高校・大学・大学院と情報系専攻で進んできましたが、まともに資料作成の方法を教えてもらった経験は一切なく、PowerPointの操作方法ぐらいです。社会人になってからも状況はほとんど変わらず、決算資料などの一般公開されたものを見て作り方を学ぶなど、独学で身に付けることがほとんどでした。

　昨今、学業からビジネスまで1対多での伝達手段は、PowerPointを使った資料と口頭説明が大半です。資料のデザインには、文字、図、表などのパーツをうまく組み合わせる能力が求められます。これを「センス」と一言で片付け、学びでは解決できないものだと思っている方もいますが、私はもったいないと思っています。

　資料のデザインは「アート」のように長期的な修業をしたり、感情の表現や繊細な感覚を研ぎ澄ましたりして「センスを磨く」というものではありません。どちらかといえば「整理整頓」に近いものだと考えています。整理整頓の上達には「同じ種類のものは同じ箱に入れる」「箱に何が入っているかラベルをつける」といったコツがありますが、これらは教えてもらえればすぐに実践できるものですよね。資料の見栄えを良くするためのポイントは、このような「学べば誰でも改善できるテクニック」ばかりです。

私が2016年1月に本書の初版『一生使える見やすい資料のデザイン入門』を出す前は「熟読しないとわからない本」が多く、いわゆる「積ん読」になりがちでした。仕事や学業に専念しながら、参考書を読破するのは体力のいることです。本業に集中しながらでも「必要なときにさっと開いてすぐ使える本」があったら良いのでは、と考えていました。そうして生まれたのが本書の「ビフォー・アフター」形式の解説です。

　本書は、ページを開くと悪い例と良い例が並んでいて、「見開きでわかる本」になっています。説明文を読まなくても、直感的にどう直せば良いのかがわかるようになっています。この形式が好評でベストセラー、ロングセラーとなり、ご購入いただいた皆さまのおかげで「完全版」をお届けできることとなりました。

　完全版では、作例を40枚以上追加しており、さまざまな改善パターンのバリエーションや、「情報整理の仕方」といった初版には書けなかったノウハウも掲載しています。また、以前の作例もよりビジネス現場に即した作例に差し替えています。

　最後に、完全版を発売するにあたり、ご協力くださった株式会社インプレスの和田様はじめ、これまでご意見くださった先生・先輩方、関係者様に深謝いたします。

CONTENTS

LESSON 1

LESSON 2

LESSON 3

作業スピードが劇的アップ！ ベースデザインの時短ワザ —— 107

LESSON 4

資料の見栄えが良くなる！ 表現のテクニック —— 125

LESSON 5

さまざまな資料に応用しよう　シーン別実例集 ———— 175

COLUMN

SPECIAL特典 編集して自分の資料で使える！

「見やすいグラフの作例データ」

読者の皆さまへ、本書掲載の「グラフ作例データ」（PowerPoint）の一部をプレゼント！以下の二次元コードよりDLしよう。

https://book.impress.co.jp/
books/1123101070

本書は、Microsoft 365を前提に解説しています。他のバージョンのPowerPointや他のプレゼンテーションソフトをお使いの場合は、機能名や操作方法が異なることがあります。また、本書の作例に登場する情報はすべて架空のものです。

LESSON 1

——

伝わる資料とは
どういうものか

001

伝わるとは何か？

伝わる資料は
文字を「読ませない」

実物をイメージしにくい

文字を読まないとわからない

言葉で伝える

リンゴとは

リンゴとは赤くて、丸くて、直径10cmくらい、木に実る果実で、食用として幅広く栽培されている。生食が一般的だが、アップルパイなどの加熱処理を行って食べる場合もある。
重さは300gくらい。
切断すると白い。種は黒い。

視覚情報で言葉いらず！

まずは「伝える」ということについて考えてみましょう。例え話をしてみます。

海外から「リンゴ」を知らない民族がやってきました。その民族はあなたに、「リンゴについてできるだけ正確に教えてください」と言いました。言葉が通じるなら、どう説明しますか？

「赤い」「丸い」「直径10cmくらい」「果物」…。いろいろと説明することは可能です。ですが、

この質問に「言葉で説明しようとした人」は残念ながら正確に「リンゴ」を伝えることはできないでしょう。

私ならスーパーでリンゴを買ってきて、「はい」と実物を手渡すだけです。先ほど書いた言葉での説明が必要でしょうか。多分、必要ありませんね。「言葉」よりも「視覚」のほうが正確に伝えられるということです。

▶ 資料は読ませずに「見せる」

▶ 「言葉」ではなく「視覚」で伝える

▶ 「デザイン」は中身をわかりやすく伝える手段

AFTER

実物のイメージがわく

視覚で伝える

リンゴ 300g

10cm

写真や絵によって説明
ナシで1秒でわかる

仕事のシーンに置き換えてみましょう。とある会社の売り上げの推移を上司にプレゼンするとします。数字を年ごとに羅列するだけでは、わかりにくいはずです。場合によっては怒られるかもしれません。しかし、グラフにすれば、すぐに伝わりますし、売り上げ推移をもとに課題や企画も見出しやすくなるでしょう。

資料は、仕事における伝達の主な手段の1つですが、大きく視覚に依存しています。そのため、仕事で扱う企画や数字など、実体がないものをわかりやすく伝えるにはデザインが必要です。かといって、プロのデザイナーにならなければいけないわけではありません。本書ではビジネスマンが最低限覚えておきたい内容に絞って、誰でも簡単にできるデザインテクニックを伝授します。

002

伝わる資料とそうでない資料の差はどこにある？

「文字数」「図」「写真」が
キーポイント

BEFORE

文字数が多い

伝わらない資料

伝わる資料とは

長文で文章を読み込むには
目を凝らし、文脈を理解しながら読み進めること
になりますので時間も労力もかかります。

「写真」「グラフ」「模式図」といった視覚的な
表現の多い資料があれば、少ない労力で瞬時に理
解できます。

> 文脈を理解して読み進め、中身を解読するには時間も労力もかかる

文字数が多い資料＝「読まれない」資料

「言葉」よりも「視覚」のほうが正確に伝えられるということから、「伝わる資料」と「伝わらない資料」は、このように言い換えることができます。

● 「伝わる資料」＝「写真」「グラフ」「模式図」といった視覚的な表現の多い資料

● 「伝わらない資料」＝文字情報ばかりの資料
理論云々よりも上の作例を比較すればその違いがわかると思います。

私は200社以上のプレゼン資料を修正していますが、残念ながら、現在の日本のプレゼン資料は文字数が多い傾向があります。7〜8割は文字数が多すぎる資料です。本当は文字数を削ったほうが伝わるけれど、相手はお客さまなのでそうとはなかなか言えないこともしばしばあります。

▶ 伝わる資料は「写真」や「グラフ」「図」が多い

▶ 文字数が多い資料は読んでもらえない

▶ 伝えたい内容を「図や写真で説明する」ことを心がける

AFTER

違いがわかる作例と簡潔な説明

ひと目で言いたいこと
がわかる

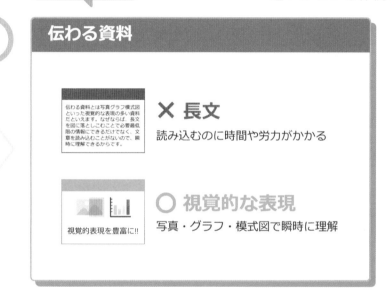

伝わる資料

伝わる資料とは写真グラフ模式図
といった視覚的な表現の多い資料
だといえます。なぜならば、長文
を図に落としこむことで必要最低
限の情報にできるだけでなく、文
章を読み込むことがないので、瞬
時に理解できるからです。

✕ 長文
読み込むのに時間や労力がかかる

視覚的表現を豊富に!!

○ 視覚的な表現
写真・グラフ・模式図で瞬時に理解

文字情報ばかりの資料は、言いたいことをすべて文章に置き換えています。書き手は満足するかもしれませんが、もし自分が資料を見る側・プレゼンを受ける側なら、果たしてそれをすべて読むでしょうか？　読まないですよね。それなのに、多くの人がやってしまいがちです。

逆に、ここを気をつけることが、すぐに資料作成でライバルに差をつけられる点とも言えま

す。まずは、とにかく「図や写真で説明する」ということを意識しましょう。伝えたい内容を考えたら、まずはそれを言葉ではなく図や写真で見せられないかを考えてみましょう。

もちろん、図はただ入れれば良いわけではなく、内容に応じて、形や配置、色などを工夫してわかりやすく作らなければなりません。作図のコツはでLESSON 4でお伝えします。

あなたはこんな資料を作っていませんか？

やってはいけない！
確実にダメ出しが出る**NG資料**

内容が良くても台無しな資料

意味のない箇条書きに加え、中途半端な位置で改行されている

悪い例

- あなたはもしかしてこんなスライドを作っていませんか？
- 様々な要因によってスライドは見づらくなってしまいます。

忙しい ⇒ 雑な作成 ⇒ 見づらい

見やすいデザインのためには聴衆に対する気遣いが重要です。

原色を使っていて目がチカチカ、明朝体は文字が読みにくい

大切な人へのプレゼントを考える気持ちで作成しよう！

　見にくいと感じる資料には共通点があります。そこで、多くの人がやってしまいがちな見にくい資料の5つの共通点をまとめてみました。あなたの資料には当てはまっていませんか？

●明朝体の文字

●青赤黄など主張しすぎている原色の使用

●枠がついていたりついていなかったり

●無意味な箇条書きが多い

●単語が改行によって分割されている

　詳しくはLESSON 2以降で説明しますが、これらはすべて、デザイン性や見やすさを損うだけでなく、相手に不快感を与える要因にもなります。ですので、1つでも当てはまっていたら、危機感を感じてください。

　「そんなことはわかっている、忙しいからどうしても丁寧には作れない」という人もいらっ

▶ 見にくい資料には共通点がある

▶ プレゼンテーション＝プレゼント。相手のことを一番に考えよう

▶ どんなに良い提案内容でも、資料がダメだと伝わらない

AFTER

内容の良さが伝わる資料

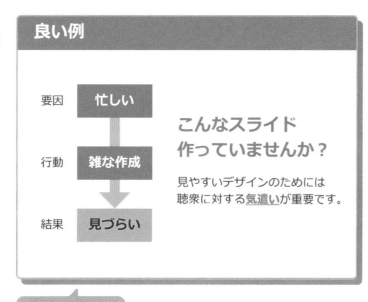

良い例

要因　忙しい

行動　雑な作成

結果　見づらい

こんなスライド
作っていませんか？

見やすいデザインのためには
聴衆に対する気遣いが重要です。

文字が見やすく、色数
や文字数が少なくてす
っきり

しゃるでしょう。しかし、結果的に伝わらなければ、企画がボツになったり、営業の案件を取り逃したり、悪循環に陥ってしまいます。

プレゼンテーションは、相手に「プレゼント」をするからプレゼンテーションです。そのため、相手が不快にならないように気をつけるのは基本中の基本です。そしてそれは資料作成の段階から始まっているのです。よく言われるような

プレゼンテーションでの身振りや話し方を練習するよりも、資料がすべてを決めると思って、相手にとっての見やすさや、わかりやすさを重視して作るようにしましょう。

プレゼンテーションで相手に伝える「要」となるものは資料です。資料が完成した段階で、プレゼンテーションもほぼ完成していると言えるのです。

004

そもそも「わかりやすい」とはどういうことか？

情報が「短時間」で
「取り出せる」＝わかりやすい

わかりやすさとは、情報の取り出しやすさを指す

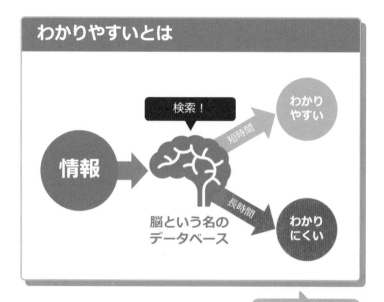

情報をスムーズかつ短時間で理解できるかがカギとなる

情報の取得しやすさが重要

わかりやすいとは、端的に言うと「情報が取得しやすい」状態です。

私たちの身の回りにあふれるたくさんの「情報」は、目や耳などの感覚器官を通して、脳へと伝わります。脳に入ってきた情報の一部を使って、脳に蓄積された記憶から探しだし、見つかった場合が「わかる」状態です。簡単に言えば、適切な「検索ワード」を使って、脳の中を

検索するというイメージです（実際に脳科学の分野でも記憶から目的の情報を探し出すことを検索と言います）。

しかし、伝える情報を、まわりくどくしたり、構成をばらばらにしたりして、情報を取得しにくくすると、うまく検索ができません。これが、「わかりにくい」状態です。この、情報を取りにくくする要因を取り去り、情報を取得しやす

▶ わかりやすさは、情報の取得しやすさで決まる

▶ わかりやすさには「外見的要因」「中身的要因」の2つがある

▶ 外見的要因は誰でもすぐに改善できる

外見的要因を整えるだけで劇的にわかりやすくなる

「外見的要因」「中身的要因」の2つで決まる

わかりやすさに必要な要因

 外見的要因

自然と目線を導かれ、そのスライドで
伝えたいことが瞬時に判断できる状態

 **中身的要因**

何を説明しているのかが明快な状態

くすることが「わかりやすく」することです。

わかりやすさは、「外見的要因」と「中身的要因」に左右されます。「外見的要因」はいわゆる見た目で、デザインスキルに依存します。これが充足している資料はファーストインプレッションが良く、相手を見る気にさせることができます。また、資料の構造や読み進める順序の明確化、ビジュアルによる内容理解の補助と

いう働きがあります。「中身的要因」は、単純明快な文章、正しい文章表現、論理的な説明など、文章力や話術などのスキルに依存します。

話術や文章力のスキルをすぐに上げることは難しいですが、見た目の整え方はコツを掴めば誰でもすぐに改善でき、話術やセンスに頼らずとも、情報を取り出しやすい資料を作ることが可能です。

作る前に知っておきたい基本の考え方①

1スライド＝1メッセージ

BEFORE

> メッセージが多く読むのが大変で、内容をすぐには理解しがたい

ここで一番言いたいことは何なのか迷ってしまう

基本概念 1

1 Slide ≠ 1 Message

スライド1枚を説明する時間はさまざま　➡　全体のスライド枚数にとらわれないこと

スクリーンは実は狭い

たくさん情報がつめ込まれている　➡　重要な情報が探しづらくなってしまう

詰め込みすぎは新聞と同じ

新聞を説明するには近くで見せる必要がある　➡　切り抜いて拡大したら近くによる必要もない

伝えたい内容が一瞬でわかる

なにを伝えたいのかが明確になり、情報が少ない分文字も大きくできるため見やすくなる

コラム

どうしても1枚に2つ以上言いたいことがある場合は読みやすいように工夫することを忘れないようにしましょう

スライド1枚で伝えることは1つまで

　スクリーンは大きく表示されているようで、実際にはかなり狭い空間です。そのため、たくさんの情報が詰め込まれていると、重要な情報を探しにくくなってしまいます。

　簡単な例を挙げると、3メートル先にいる相手に、新聞を見せながら、とある記事の内容を伝えるため読み上げる状況を想像してみてください。相手はどんな反応を示すでしょうか。新聞の一面にはさまざまな記事が並んでいます。どこに何が書いてあるかは、すぐには判断できません。「どこにそんな記事書いてあるの？」と探し始めたり、「近くで見せて」と文句を言われたり、最悪の場合、探すことすら放棄するでしょう。

　ではどうすると良いでしょうか。今度は、該当の記事だけを切り取って、新聞紙一面分に拡

▶ スライドの面積は意外と狭い。詰め込み厳禁

▶ 遠くの人からも見やすく探しやすくする

▶ 1枚のスライドで伝えることは1つまで

このスライドの目的を判別しやすい

基本概念 1

1 Slide = 1 Message

スライド 1枚 を説明する時間はさまざま

全体のスライド枚数にとらわれないこと

重要なメッセージは1
つだけなので、混乱し
ない

大コピーして、読み上げてみます。すると、記事を探す必要もなくなり、近くで見せる必要もありません。これと同じように、1つのスライドには、伝えたいメッセージ（目的）を1つだけに絞って掲載する必要があります。いくつものメッセージが詰め込まれていると、探しにくく、内容を呑み込むのにも時間がかかります。

「1スライド＝1メッセージ」とは、1枚のスライドで伝えるメッセージは1つにするという考え方のことを言います。スライドを見たときに、何を伝えたいのかが明確になるということと、文字が大きくなって遠くの人にも見やすくなるという2つの効果があります。

スライドの枚数には制限がありません。スライド枚数が増えることを恐れず、スライドを構成していきましょう。

作る前に知っておきたい基本の考え方②

情報は凝縮する

BEFORE

「ああだこうだ」スライド

> 小さな文字がスライド
> いっぱいに詰まってし
> まっている

✕

情報の凝縮 │ 凝縮しない文

スライドが蕪雑・乱雑になると、何が重要なのか
探したり、読み取り、解釈するのに時間がかかっ
てしまう。その要因としては冗長な文章表現や、
難解な表現などが挙げられる。つまり、文章は短
く、単純にすれば、スライドが煩雑にならず、時
間をかけずに情報を読み取ることができる。これ
を実践すれば理解が容易となるスライドとなるだ
ろう。

文書は短く、言い切る！

　スライド作成において重要な考え方として
「KISSの法則」があります。「KISSの法則」とは、
「短く、シンプルにする」という考え方。その
実践方法の１つが、「情報の凝縮」、つまり「と
にかく文章を短くできないか考える」というこ
とです。同じ内容でも長い文章と短い文章なら、
当然短い文章のほうがすぐ理解できます。プレ
ゼンの場合、ポイントとしては「結論のみに凝

縮すること」です。「ああだこうだ、だからこ
うだ、すなわちこれだ」ではなく「これ」と言
い切ってしまうのです。「ああだこうだ」の部
分は口頭で補足すれば良いのです。プレゼン中
その部分がどうしても思い出せないのであれば
メモをするなり、ヒントとなる語を付け足すと
いうスタンスで文章を作りましょう。文章をな
くして図のみで表現するのも良い方法です。

▶ 「短く、シンプルに」というKISSの法則を覚えよう

▶ スライド内の文章はなるべく短くする

▶ 結論のみに凝縮し、言い切る

短く言い切ったスライド

情報の凝縮｜凝縮した文

ごちゃごちゃしたスライド

文章の短縮・単純化

わかりやすいスライド

> 要素を削った。文字が
> 判別しやすく、メッセ
> ージがわかりやすい

COLUMN

KISSの法則とは

「KISSの法則」は、システムエンジニアリングやアニメ業界で提唱されている経験的な原則のこと。「Keep It Short and Simple」の頭文字からとっていて、「短く、シンプルに」と訳せます。本書ではこの「KISSの法則」をより実践的に落とし込み、「情報の凝縮」「体言止め」「必要性の考察」の３つに分けて解説しています。

基本概念 2

KISSの法則

Keep It Short and Simple
短く、シンプルに。

3つの実践方法　情報の凝縮・体言止め・必要性の考察

作る前に知っておきたい基本の考え方③

「体言止め」で
とにかく短く、強く

BEFORE

文章がつらつらと書かれている

体言止め｜体言止め非利用

KISSの法則について

実践方法の1つ目は、情報を凝縮することです。
同じ内容なら長い文章ではなく短い文章に
しましょう。

> 見出しと文章に分けて
> 書かれていて見やすく
> 見えるが、文章が長い

余分な言い回しはスライドでは不要

「KISSの法則」の実践方法の2つ目は、「体言止め」です。これは「名詞や代名詞で終わる文章」を作るということ。

例えば、「実践方法として、情報を凝縮しましょう。」→「実践方法：情報の凝縮」とすると、文章が短くなり、情報が凝縮されます。文章が短くなって読みやすくなる上に、余分な情報が排除されることでキーワードが強調されます。

一般的な文章表現で多用すると読みにくく感じますが、スライドのように読ませるよりも「見せる」必要のあるものには向いています。

体言止め表現のコツとしては、余分な表現をなるべく省き、キーワードのみに絞ること。例えば「する」という動詞や、それに付随する「です・ます・だ・である」も省略できますから、これをするだけで、1つの文章あたり2〜6文

▶ 「見せる」必要のあるスライドではオススメの表現

▶ 名詞や代名詞で終わる文章を意識する

▶ 文章が短くなり、メッセージも強調される

AFTER

見出しも文章も、要点のみに絞り込まれ、よりシンプルになった

体言止めで無駄を削除

体言止め｜体言止め利用

KISSの法則

実践方法 1　情報の凝縮

同じ内容なら長い文章よりも短い文章

字ほど、意味を変えずに短くできます。

ただし、セリフ調を表現したい場合や、少し表現を柔らかくしたい場合、文の修飾関係が曖昧になってしまう場合など、体言止めが相応しくない場合もあります。やりすぎには注意しましょう。

具体例を挙げると、お客さまの声などで体言止めは避けるべきでしょう。例えば、お客さまの写真から「Aという商品を購入。気に入り、毎日使用。」という吹き出しが出ていたら、もはや不気味です。多少冗長でも「Aという商品を購入したのですが、気に入ったので毎日使っています！」のほうが自然で親近感がわきますよね。「人の声」を表現する際には余計な言い回しを省くよりも自然な印象を与えることが重要なので、口語表現を心がけましょう。

作る前に知っておきたい基本の考え方④

「それ、本当に必要？」無駄な要素を極力省く

メッセージが頭に入らない

ありとあらゆる要素を詰め込んでしまった例。余分な要素が多い

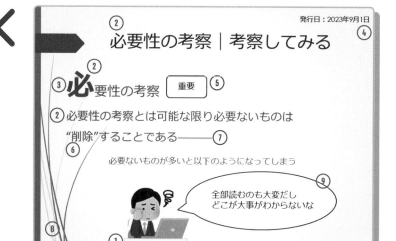

必要な要素かどうか必ず検討しよう

「KISSの法則」の実践方法の最後は、「必要性の考察」です。一見必要に感じるものでも、いらないものは多いです。「そのスライドで言いたいことを伝える上でこれは本当に必要か？」と検討するクセをつけましょう。

上の例では、①のように、関係のない画像は邪魔どころか誤解を生む原因になります。②のように、タイトルと見出しや文章が重複すると

冗長な印象に。③は、文字を意味なく一部分だけ大きくすると、見やすくなるどころか読みにくくなってしまいます。④の日付は、表紙にのせましょう。

⑤は、「重要」という言葉を重要そうに見せても意味はありません。本当に重要な内容を太字にしたり色をつけたりしましょう。⑥のように""や「」などの記号で囲む強調方法は装飾方

▶ その要素の必要性や別の見せ方ができないかどうかを必ず検討する

▶ 内容を理解する上で不要なものは極力省く

▶ 基準は「それがないと見る人が困るかどうか」

余分な要素を省くと、メッセージがストレートに伝わる

AFTER

ストレートに伝わってくる

必要性の考察｜必要なものだけ残した

可能な限り必要ないものは削除

余白が生まれ、中央の文に目がいくように

法が他にないとさにのみ使います。文字列も長くなるので削除します。

⑦の「することである」は体言止めに。余分なダッシュも不要なので削除。⑧の模様などは、スペースを圧迫する上、模様に目がいき内容に集中できなくする原因になるので省きます。⑨の吹き出しは明確な意図がなく「キャラクターにしゃべらせたいだけ」であれば不要です。

⑩のコピーライトは内容としての価値はないため、会社の指示がある場合以外は削除。入れる場合は、表紙や末尾に添える程度が無難です。社名、ロゴマークも同様。ブランドイメージも大事ですが、内容理解の邪魔になりがちです。入れるなら一番最後に目線がたどりつく右下に配置しましょう。カラーだと目立つので、モノクロにして薄く透過するくらいがオススメです。

STOP! 箇条書き。
箇条書き頼りは卒業しよう

BEFORE

箇条書きなのにわかりにくい

> 情報の強弱がないため、重要なことが判別できない

箇条書きにしなくてもいい例

- 資料作成支援アプリの紹介
- あなたの資料、パワーポイントで全部手作りで時間をかけてませんか?
- それが...弊社の「Slidesign」です!
- なんと資料作成にかける時間が半分に!
- 社員のクリエイティブな時間が増えて、資料のデザインクオリティもアップ!

> 読み込まないとストーリーが理解できない

「箇条書き=わかりやすい」と思っていませんか?

PowerPointをはじめ、多くのプレゼンテーション用ソフトはスライドに何か書き込もうとすると「箇条書き」の状態でスタートします。これが原因で、箇条書きにする必要もないことも箇条書きにしてしまう人がたくさんいます。

しかし、ちょっと待ってください。箇条書きだらけのスライドは本当にわかりやすいでしょうか? 箇条書きの目的は複数の項目を列挙してわかりやすく解説することです。そのため、それぞれの要素に、順序や流れがあったり、重要度が異なっていたりする場合は、それは箇条書きにすべきではありません。

スライドに書き込む前に、ちょっとストップして「他に良い表現方法はないか?」「どうやったらわかりやすいか?」と考えるクセをつけましょう。表現方法は無限にあります。

▶ 箇条書きは万能ではない。困ったときの箇条書き頼みはやめよう

▶ 「この内容は本当に箇条書きがわかりやすいのか?」と検討しよう

▶ 順序やストーリーの説明には箇条書きはミスマッチ

アプリ名、アプリの効果、主旨などの要点のみにそぎ落とす

AFTER

ストーリー性のある見せ方で説得力大

箇条書きにしばられず表現豊かに

制作代行により社員のクリエイティブな時間も増加。
デザインクオリティはプロレベルの仕上がりに。

資料の企画+制作		主業務
	Slidesign に制作代行	
資料の企画	時間創出	主業務の時間

長々と文章で説明せずに図も描くことで、ひと目でメリットがわかる内容に

　上の作例を見てください。今回の要点は「時間削減で余暇が生まれる」という点です。AFTERはサービス利用による前後の差を簡単な図に置き換えたものです。要点を視覚的に伝えられるだけでなく、文字だけでは難しい「量的なイメージ」を伝えることができています。さらに、比較すると、左の作例は箇条書きの1つ1つの文章が長いため読み進めにくく、冗長な印象です。また、内容の順序やストーリーがよく伝わらず、決してわかりやすいとは言えません。

　こういったストーリー性のある内容の場合は、箇条書きにしても直感的に理解できません。箇条書きに縛られず、目的に合った表現を目指すことが重要です。なお、効果的な箇条書きの方法は100ページで解説しています。

010

スライドを作る前に情報を整理しよう

何をどう伝えるのか
事前に「設計図」を作る

スライドを作る前の設計が重要

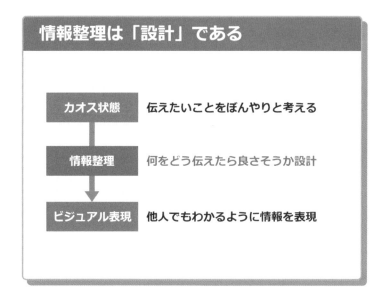

見やすい資料のカギは「設計図」にある

　伝えたい情報が頭の中にある状態を、ここでは「カオス状態」と呼ぶことにします。カオス状態のままの情報を、すぐにPowerPointでスライドに起こしても、「はい完成」とはなかなか上手くいきません。

　そのため、「情報整理」をする必要があります。しかし、「頭の中で整理しました。」では情報整理にはなりません。これから作る資料において、どの情報をどういう順番で伝えたら良さそうかという「設計図のようなもの」を作っていくこ

とがカギになります。そうしてできた設計図をもとに内容の肉付けをし、読みやすさやわかりやすさを高めるために「ビジュアル表現」をするという工程を踏んで、資料デザインは完了になります。

　設計図がないままスライドを作り、見やすいデザインにしようと思っても、そもそも情報が整理されていないカオス状態のままでは難しくなります。ここまでのページで紹介したBEFORE作例も、情報整理ができていないことが原

▶ カオス状態のままスライド作りを始めない！ まずは設計図作りから！

▶ 頭の中にある情報をメモに起こしてから中表紙を作って順番を決定する

▶ タイトルのみのスライドから作り、そのあとで各スライドの中身を作る

STEP2

情報整理でやるべきことの流れ

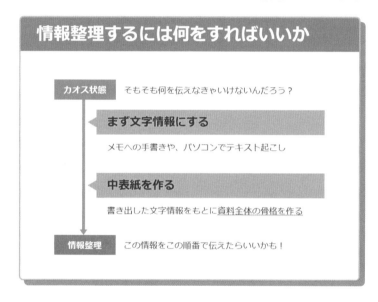

因で作られてしまうケースが実は多いです。情報が整理されていなければ、フォントや色、レイアウトにこだわっても見やすくわかりやすい資料にはなりません。デザインは情報整理から始まります。本書で紹介している見やすくするノウハウを取り入れる前に、必ず情報整理を行うステップを踏みましょう。

ではどのように整理すると良いのでしょうか。まずは1つ1つ、自分が何を伝えたいのかという脳内情報を、メモなどで文字情報としてアウトプットしましょう。大量の情報をグループに分けたり、順番を入れ替えたりする作業は脳の中だけでは難しいからです。

そして、書き出した文字情報を眺めて、中表紙（＝スライドの各セクションの合間にはさむ章扉）を作りましょう。これは伝えたいことを大きなグループで捉え、アウトラインを作る意味があります。中表紙ができたら、軽く口に出すなどして話の展開がおかしくないかチェック。違和感があれば順番を入れ替えましょう。

中表紙ってどう作るの？

スライドマスター（110ページ）の画面左側のスライド一覧にある「セクション見出し レイアウト」を使用して作成します。通常のスライドとは見た目で区別しやすいデザインにしておくとベター。この章で何を説明するかメモ書きも入れておきましょう。

STEP3

ビジュアル表現は最後の最後

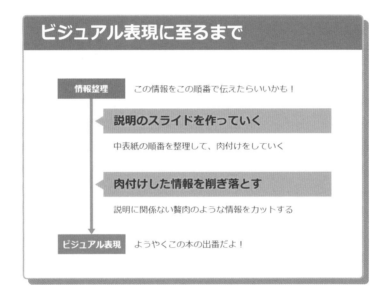

タイトルのみ記述したスライドから作るとやりやすい

　ここまでで、中表紙を作って資料のアウトライン（骨格、章立て）ができました。次は肉付け作業として、章ごとに説明スライドを作っていきます。このときも、いきなり詳細から肉付けをしていくと作り込みすぎたり、文脈がおかしくなったりするので、タイトルのみ記述したスライドを先に作ってから、各スライドの中身を作ることをおすすめします。

　まだここではキレイにデザインはせず、テキストやパーツ、図を仮置きする程度にしましょ

う。「作り込みを頑張ったけど、最後に読んでみたらやっぱり要らなかった」という事態を減らすためです。ざっくり全体像を作ってから、最後に整えるほうが効率も良く、見やすく作りやすくなります。

　完成間近になったらここまで肉付けした情報を流して読んでみて、「この情報は書かなくても伝わる」と思う部分を削ぎ落として内容としては完成です。そしてここからが、見やすくするためのビジュアル表現の出番になります。

LESSON 2

———

資料が見やすくなるデザインの基本

すっきり見やすい文字とはどういうもの？

伝わる資料の文字は
「シンプル」が基本原則

BEFORE

派手な装飾は統一感が出ず、ごちゃごちゃした印象に

派手に！かっこよく！は危険

間違った文字の装飾

間違った 文字の装飾

間違った **文字の装飾**

間違った 文字の装飾

装飾が派手すぎて内容よりも装飾に目がいってしまう

シンプルにするだけでグンと印象アップ

　重要な項目を伝えたいとき、PowerPointのワードアートなどの文字装飾機能を使って、文字に飾りをつけたくなったことはないでしょうか。しかし、これは罠です。「かっこいいから」「なんか目立ちそうだから」とやりたくなる気持ちはわかりますが、変に凝ったデザインの資料は、見にくく、そして見た目も悪いです。装飾をするなら、太字にするだけ、大きくするだ

け、下線を引くだけ、色を変えるだけの４つで十分です。まずはこの４つを覚えましょう。
　凝ったデザインには２つの問題点があります。１つ目は、凝った飾りは、全体のデザインを崩しやすいこと。例えば、質素な和室に、世界一のデザイナーが作った大胆な牛柄のテーブルを置いても普通は調和しませんね。スライドは、基本的には白などの質素な背景にさまざまな情

▶ 凝った装飾は見た目のバランスを崩しやすい。まずはシンプルを心がけよう

▶ ワードアートは罠。絶対に使わないと覚えよう

▶ 文字の装飾は「太字」「大きく」「下線」「色変更」の4つだけ

デザインに統一感が生まれて、まとまりのあるデザインに！

AFTER

余分な装飾がないと見やすくなる

正しい文字の装飾

正しい **文字の装飾**

正しい <u>文字の装飾</u>

正しい **文字の装飾**

重要なポイントがすっと目に入り、わかりやすい

報を貼り付けていくものなので、そこに凝ったものを置くとゴチャゴチャしてしまうのです。

2つ目は、凝ったデザインは全体の一貫性が取りにくく、相手が理解するのに時間がかかることです。ワードアートは簡単に凝った装飾が作れるので、どうしても作り手が楽しい気持ちになってスライドごとにデザインを変えてしまいがちです。しかし、見る側は、スライドを見

るたびに装飾に目がいき、内容を瞬時に理解できません。これは、5種類も6種類もペンを使って授業のノートをとることと同じで、見た目はキレイですが、一体何が重要なのかわかりにくくなります。重要なところだけを赤1色で書いてあるノートのほうが断然便利ですよね。スライドもそれと同じです。装飾はシンプルに。それだけでグンと印象が変わります。

基本の装飾方法よりもう少し文字を際立たせたいのですが…

もうひと手間加えて目立たせる！
使える文字装飾4選

1. ボックス装飾

　文字の背景に長方形の図形を敷く装飾です。ポピュラーな装飾で、ほとんどの人が使っている手法です。オブジェクトサイズや位置を揃えると作例のようなレイアウトを作成するのにも役立ちます。テーマカラーで塗りつぶしをすれば見出しのデザインにも適します。

1. ボックス装飾

ボックス装飾

- 図形の「長方形」を使った装飾方法

- 他のオブジェクトの位置と揃えられる

- 色を塗ることで見出しの役割にも使える

2. マーカー引き装飾

　蛍光ペンで文字を強調したような装飾です。ボックス装飾ではテキスト全体に対して装飾しますが、マーカー装飾ではテキストの一部分のみを装飾できます。塗りつぶし部分は左右に余白が入らないため、文章中以外では扱いが難しいので注意が必要です。色の設定ができないので「最近使用した色」から選ぶ必要があります。

2. マーカー引き装飾

マーカー引き装飾

蛍光ペンで引いたような装飾方法
左右に余白がないので使い方には注意

メイリオ (本文)　　∨　28　∨　Aˆ　Aˇ　｜　Aᵖ

B　I　U　ab　x²　x₂　AV　∨　Aa　∨　｜　🖊　｜　A　∨

デフォルトの色以外を使う場合は
最近使用した色に色を追加する必要がある

3. グレーアウト

文字グレーアウト
文字の色を変えただけのシンプルで汎用性の高い装飾方法
出典を記述する際に多く用いられるが余白がないと違和感が出る

文字グレーアウト＋塗りつぶしグレー
テキストボックスの背景をライトグレーで塗りつぶす装飾方法
出典の記述では隅にくっつけても違和感が少ない

出典　見やすい資料のデザイン入門

出典　見やすい資料のデザイン入門

3. グレーアウト

　「補足情報として伝えたいが重要度は低いのでさり気なく記述したい」という場合に使えるのが「グレーアウト」です。グレーは主張が弱く、重要度が低い情報を表現するのに適した色です。出典や引用を記述するときにもおすすめです。特に「他に目立たせたいもの」があるときに使う手法です。

4. 小さい円を使って強調する

世の中をデザインの力で
より良くしていく

4. 小さい円

　漫画などでもよく見る手法で、色や線を引きにくい場面で使用する強調方法。この装飾は手作業で円の図形を並べる必要があるので、強調したい箇所が少ない文字数であるときのみ有効です。

何のフォントを使えばいいの？

スライドのフォントは
視認性が高いメイリオが最適

BEFORE

強調しても、効果が出にくい

太字にしたのに、違いが微妙…。十分な太字効果が得られない

太くなりにくいフォント

標準	太字
MSゴシックで書いたテキスト	MSゴシックで書いたテキスト
MS明朝で書いたテキスト	MS明朝で書いたテキスト
HG丸ゴシックで書いたテキスト	HG丸ゴシックで書いたテキスト
HG創英角ゴシックで書いたテキスト	HG創英角ゴシックで書いたテキスト

フォントによっては、文字が潰れた印象になって見やすさダウン

遠くからでも見やすい太字対応フォントを使おう！

　フォントとは文字の書体のことですが、どのフォントを使えばいいか、迷ったことはありませんか？ PowerPointだと、初期設定では「MSゴシック」などになっているので、特に変更せず使っている人も多いでしょう。スライド作成に少し慣れてきた人、少しデザインにこだわりがある人は、「MS明朝」や「HG丸ゴシック」「HG創英角ゴシック」など、さまざまなフォントを

駆使して、独自のデザインを構成しています。ただ、文字が判別しやすいか、はっきり見えるか、そういった問題をクリアした文字でなければ、伝わるものも伝わりにくくなります。

　こういった問題を考慮して作られたフォントが「メイリオ」です。「明瞭」という言葉に由来していて、視認性が高く、はっきり見えるのが特徴です。スライドは遠くから見ることも多

▶ メイリオはMicrosoft 365に同梱されているため汎用性が高い

▶ 視認性が高くはっきり見えて、スライド向き

▶ 太字（Bold）対応フォントなので、太字効果が得やすい

文字サイズが小さくても、標準と太字の差がハッキリ！ 太字がしっかり目立って効果的

AFTER

強調効果がわかりやすい！

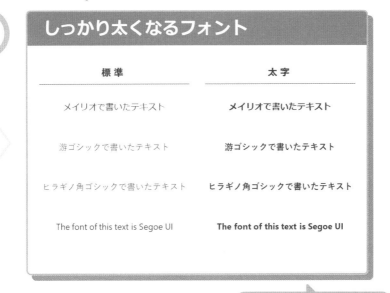

しっかり太くなるフォント

標準	太字
メイリオで書いたテキスト	メイリオで書いたテキスト
游ゴシックで書いたテキスト	游ゴシックで書いたテキスト
ヒラギノ角ゴシックで書いたテキスト	ヒラギノ角ゴシックで書いたテキスト
The font of this text is Segoe UI	The font of this text is Segoe UI

游ゴシックもキレイですが、やや細め。メイリオのほうがしっかり太くなるので初心者にはおすすめ

いので、視認性が高い文字が最適です。Microsoft 365に同梱されているフォントなので、WindowsでもMacでも互換性があること、さらに、太字対応フォントであることもポイント。「どのフォントでも太字にできるでしょ？」というのは、実は勘違いです。左の作例の太字非対応のフォントは、パソコン側がむりやり太字に見えるよう処理しているだけなので、しっかり太くなりません。一方、右の作例の太字対応フォントは通常フォントとは別に、太字用に個別にデザインされたものが使われています。つまり、しっかり太くデザインされたフォントが表示されるのです。太さの違いを判別できるので、重要な文章が識別しやすくなります。文字の見やすさは伝わる資料の基本です。見やすい文字を選ぶことを心がけましょう。

英語や数字を使う場合にカッコよく仕上げる方法は？

欧文フォントを使うだけで
美しく見える

BEFORE

英数字に和文フォントを使うと見にくく感じる

英数字の形が不自然で
可読性が低下。読みに
くく感じる…

和文フォントで英数字

私はPowerPointを
WindowsPCで1年間
使っています。

英語や数字に和文フォントを使うのは避けよう

　Designなどの英単語、X（Twitter）などの
サービス名、SNSなどの略語…。英語（アル
ファベット）が交じった文章は頻繁に使用しま
す。その際、英語の文章だけ、やけに文字の幅
が狭かったり文字間が空いていたりと、不格好
になってしまった経験はありませんか？ それ
は、和文フォントを使っていることが原因かも
しれません。

　フォントには、大きく分けて、和文フォント
と欧文フォントの2種類があります。

　英語の文言が、和文フォントだった場合と、
欧文フォントだった場合を見てみましょう。上
の作例を見てください。今回は、英字の部分が
「MSゴシック」（和文フォント）の場合と、「Se
goe UI」（欧文フォント）の場合です。和文フ
ォントを使ったほうの英字は、なんだか文字が

▶ 英語や数字にMSゴシックやメイリオなどの和文フォントを使うと見栄えが悪い

▶ 欧文フォントと呼ばれる英文専用のフォントを使うと見栄えが良くなる

▶ 日本語には和文フォント、英語には和文フォントに合う欧文フォントと使い分けよう

AFTER

英数字の文字の形が自然で可読性が高い

欧文フォントだとスラリと読める

欧文フォントで英数字

私はPowerPointを
WindowsPCで1年間
使っています。

欧文フォントのほうが見た目も美しい

全体的に細く見え、可読性が低くなっています。また、文字間がやけに詰まっているところと空いているところがまちまちです。一方、欧文フォントを使った英字は、文字の形が自然で可読性が高く、文字間も自然な印象です。

　MSゴシックは日本語の文字とセットになっているフォントなので、英字に特化しているわけではありません。Segoe UIは逆に、日本語の文字はなく、英数字に特化して作られたフォントです。そのため、英数字が美しく整って見えやすいと言えます。

　すべてのフォントがそうだというわけではないですが、英語圏で使っても違和感なく表示されるのが欧文フォントです。日本語は日本語用の和文フォント、英語には英語用の欧文フォントと使い分けると良いでしょう。

日本語の中にちょくちょく英語が交ざる場合のコツ

日本語はメイリオ、英数字は Segoe UIを使うと覚えよう

BEFORE

> 同じフォントサイズなのに、なぜか小さくなってしまう…

大きさが変わってバランスが悪い

フォントサイズが同じでも大きさが違う

Calibriとの組合せ

和文とAlphabetの相性

サイズ差が大きく、相性が悪い

Alphabet

> 理由は、フォントによって元々の大きさが違うから

日本語と英数字でサイズ差が少ないほうがキレイ

　前のページで解説したように、英数字で和文フォントを使うと見栄えが悪く可読性も低いので、欧文フォントを使う必要があります。本書で推奨している「メイリオ」も和文フォントなので、例外ではありません。そのため、日本語の中に英語が交ざる場合は、何かの欧文フォントと組み合わせて使う必要があります。

　そこでオススメしたいのが、「Segoe UI」と

いうフォントで、Windowsに標準搭載されています。初期設定では「Calibri」という欧文フォントになっていることが多いですが、作例を見てください。こちらはメイリオとの組み合わせの比較例です。Segoe UIとCalibriでは、メイリオとのサイズ差が違うのがわかります。なぜかというと、同じ文字サイズでも、フォントによって微妙にサイズが異なるからです。文

▶ 文字のサイズが同じでも、フォントによって大きさが違う

▶ 和文フォントとのサイズ差の小さい欧文フォントを選ぶとキレイに見える

▶ オススメは「Segoe UI」。メイリオとの親和性が高く、太字もキレイ

AFTER

和文とほぼ同じ大きさで、すっきりした印象

大きさが変わらず、goodバランス！

フォントサイズが同じでも大きさが違う

Segoe UIとの組合せ

和文とAlphabetの相性

サイズ差が小さく、相性が悪い

Alphabet

Calibriより少し大きいのがわかりますか？

同じサイズでも、「Segoe UI」のほうが大きい

章を滑らかにするためにはサイズ差の小さいものを選んだほうが良いと言えます。

　Calibriはメイリオより少し小さいので、メイリオと組み合わせるとそこだけ文字が小さくなってアンバランスです。Segoe UIはメイリオとのサイズ差が小さく、さらに太字対応のフォントで強調効果も得やすいので、メイリオとの相性が良くオススメです。

COLUMN

フォントの設定を登録しておこう

日本語と英語が交ざる場合、英語が出てくるたびにフォントを変えるのは面倒です。PowerPointに設定を登録すれば、いちいち変更する必要がなくて便利です。「表示」→「スライドマスター」→「フォント」→「フォントのカスタマイズ」の順にクリックすると、英数字と日本語のフォントをそれぞれ登録できます（詳細は53ページ）。

目立たせたり高級感を出したりできるフォントは？

フォントを使い分けて
効果的な資料を作ろう ①

SAMPLE_1

キング・オブ・目立ちたがり屋なフォント

> タイトルやキャッチコピーなど、人目についてほしい言葉向き

創英角ゴシックの特徴

創英角ゴシック

とにかく太いので
ゴテゴテ感がある
見出しに効果あり

> 多用すると見にくくなってしまうので、用途を限定して使おう

メイリオだけじゃ嫌だ！他のフォントを上手に使うには？

　本書ではメイリオを推奨していますが、各フォントの特徴をうまく利用すれば、より効果的な資料を作成することができます。フォントによって向き・不向きがあるので、代表的な4つの具体例を挙げて見ていきましょう。ここでは、フォントの名前の最初に「HG」と書いてある「HG（ハイグレード）フォント」と呼ばれるフォントの中から、「創英角ゴシック」「明朝」を

説明します。また、次の見開きでは、「丸ゴシック」「ポップ」についても説明します。誰もが一度は見たことがあるフォントでしょう。
　「HG創英角ゴシック」というフォントは、メイリオなどの他のゴシック体フォントに比べて、「抜群に太い」のが特徴です。強い印象があるので、このフォントを多用すると、かなりゴテゴテしていて見にくくなります。一方で、タイ

▶ シーンに応じて向き不向きがある。資料の目的をよく考えよう

▶ 太字非対応のフォントは、太字にせずそのまま使うのが吉

▶ 「創英角ゴシック」は目立たせるシーンで、「明朝」は美しさを演出したいシーンで

女性向けの商品などの
プレゼンなどに向いて
いる

SAMPLE_2

美しさや高級感ならコレ

明朝の特徴

明朝

美しさや高級感を
表現しやすいが
鋭利な印象がある

緊張感を与えるので、
美しさを特別に演出し
たいとき以外は控える

トルやキャッチコピーなど、「とにかく人目についてほしい文章」を表現する際には効果的なフォントです。

　そして、「HG明朝」です。「通常の明朝体よりもかなり太い」という特徴があります。かなり使いにくいフォントの１つですが、美しいイメージを与えることもできます。美容関係の商品名や、気品のある印象や高級感を与えたいメッセージに使用すると効果があります。ですが、鋭利なデザインのため、緊張感を与えてしまいます。常用は控えましょう。

　どちらも、太字には対応していません。作例では、下線部は実は太字にしてありますが、変化がわかりにくいですね。特徴を活かせるポイントでのみ、太字にせずそのまま使用することがオススメです。

親しみやすさやかわいらしさのあるフォントは？

フォントを使い分けて
効果的な資料を作ろう②

SAMPLE_1

子どもや高齢者向けの商品や施設ではぴったり

親しみやすさなら抜群

丸ゴシックの特徴

丸ゴシック

やさしいイメージ
児童や高齢者が
親しみやすいかも

かっちりしたシーンで使うと、空気を読めてない感満載

丸みのあるフォントはビジネスには不向き？

　このページでは、どちらかというとかわいい雰囲気になる「丸ゴシック」と「創英角ポップ」について説明します。どちらも、丸みを帯びていることが特徴です。丸いものは「幼稚な印象」や「やさしい印象」を与える傾向があります。かっちりとした場面が多いビジネスにはあまり向いていないフォントであると言えます。ですが、児童や高齢者向けの施設の資料であれば、こちらのフォントのほうが親しみを感じてもらいやすく、読んでもらいやすいです。また、そういった人を対象にした商品企画のプレゼン資料などであれば、こちらを使ったほうがプレゼンの演出として良い場合もあります。児童や高齢者はゴシック体や明朝体などのかっちりしたイメージだと親しみにくく感じてしまうことがあるからです。

▶ 「丸ゴシック」と「創英角ポップ」は、どちらも丸みを帯びていることが特徴

▶ ビジネスシーンでは目的がない限り、どちらも避けたほうが無難

▶ 「創英角ポップ」は幼稚園のおたよりみたいになるので、多用は避けよう

「ポップ」という名称通り、ポップで幼稚な印象が強い

よりキャッチーでかわいくなりすぎる

創英角ポップ

創英角ポップ
幼稚園のおたより
みたいなデザイン
かわいすぎるかも

かっこいい雰囲気にはならず、デザインの統一感も出しにくい

「丸ゴシック」は、やさしい雰囲気が強いですが、「創英角ポップ」は「丸ゴシック」よりも幼稚さが際立ちます。目立ちやすいのでつい使ってしまう人もいるかもしれませんが、使うのであれば「丸ゴシック」のほうが無難でしょう。この2つも、46ページで解説した「創英角ゴシック」「明朝」と同様、太字には対応していないので、太字にはせずに使いましょう。

COLUMN

「HGP」と「HG」は何が違うの？

フォントを選ぶ際、頭に「HGP」とつくものと「HG」とつくものが出てくると思います。前者はプロポーショナルフォントといい、文字間が文字ごとに自動的に詰まります。対して後者はすべての文字幅が均一な等幅フォントといいます。スライドでは、和文は等幅、欧文はプロポーショナルを使うと一般的に見やすくなります。

紙資料でのフォント選びのコツ

紙資料など読ませる資料は「明朝体」を使おう

BEFORE

フォントの使い方を誤ると読むのが大変

1.1.1. 伝えるとはなにか

伝えるということについて考えてみましょう。例え話をしてみます。

海外から「リンゴ」を知らない民族がやってきました。その民族はあなたに、「リンゴについてできるだけ正確に教えてください。」と言いました。あなたはどう説明しますか？

1.1.2. 伝わる資料とそうでない資料の差はどこにある？

「言葉」よりも「視覚」の方が正確に伝えられるということから、「伝わる資料」と「伝わらない資料」は、このように言い換えられるのではないでしょうか。

理論云々よりも作例を見ればその違いがわかると思います。私はおそらく200社以上のプレゼン資料を修正していますが、残念ながら、現在の日本のプレゼン資料は文字数が多い傾向があります。7〜8割は文字数が多すぎる資料…

> 見出しが細くてテーマがわかりにくい

> 長い文章に太いゴシック体を使うと、ゴテゴテ感があってすんなり読みにくい

見出しはゴシック、本文は明朝

スライド以外で、紙媒体の資料を作るという人も多いでしょう。紙媒体の資料は、スライドとは少し考え方が異なります。

A4用紙の資料などでは、Windowsの初期設定で、使っている人が多い「MS明朝」「MSゴシック」でも問題ありません。また、それ以外の他のフォントでも大丈夫です。ただし、注意したいのは使い方。問題のある使い方だと、読みにくくなってしまう可能性があります。

詳しくは52ページのコラムで解説していますが、ゴシック体のフォントは、文字の線が等幅であるためくっきりと見えます。そのため、タイトルや見出しの文字として効果的で、内容の区切りが認識しやすいのが特徴です。見出しやタイトルなどの「見る」文字として使用する必要があります。一方、明朝体は、長い文章で

1.1.1.伝えるとはなにか

　伝えるということについて考えてみましょう。例え話をしてみます。

海外から「リンゴ」を知らない民族がやってきました。その民族はあなたに、「リンゴについてできるだけ正確に教えてください。」と言いました。あなたはどう説明しますか？

1.1.2.伝わる資料とそうでない資料の差はどこにある？

　「言葉」よりも「視覚」の方が正確に伝えられるということから、「伝わる資料」と「伝わらない資料」は、このように言い換えられるのではないでしょうか。

理論云々よりも作例を見ればその違いがわかると思います。私はおそらく 200 社以上のプレゼン資料を修正していますが、残念ながら、現在の日本のプレゼン資料は文字数が多い傾向があります。7〜8 割は文字数が多すぎる資料…

AFTER

本文がすっきり読みやすい！

見出しがしっかり目立ってテーマを掴みやすい

項ごとの区切りが明確になっている

読む際はすらすら読めますが、見出しなどに使用するとあまり目立たないというデメリットがあります。そのため、ゴシック体は見出しやタイトルなどに、明朝体は長い文章を読ませる部分に使用するという 2 点を意識してフォントを選べば、どのフォントでも比較的読みやすい資料になります。

　上の作例では、「見出し」と「文章」を、「ゴシック体」と「明朝体」でそれぞれ逆転させてみました。左の作例では、見出しがあまり目立ちません。逆に、本文はゴテゴテして読みにくく、区切りもわかりにくいです。Windows 8.1以降、「遊ゴシック」「遊明朝」というフォントが標準で搭載されるようになりました。これらのフォントも紙面で読みやすいので、ぜひ使ってみてください。

覚えておきたい文字の基礎知識①

ゴシックは「見る文字」
明朝は「読む文字」と覚えよう

プレゼンにはゴシックがオススメ

　資料によく使うフォントの種類には大きく分けて、明朝体とゴシック体があります。明朝体は「横が細く、縦が太い」字形と、「ウロコと呼ばれる突起がある」ことが特徴です。また、払いの部分が鋭い形状をしています。傾向として「かっこいい」「美しい」などと言われることが多いです。

　ゴシック体は「すべての線が同じ太さ」で、くっきりしています。こちらは明朝体に比べると何の変哲もないイメージを持たれる傾向があります。

　明朝体は本や新聞など、長文を長時間読むことに特化したフォントです。線の細い部分があるため、遠くから見ると細い部分が欠落して見えることがあります。また、

鋭いデザインのため、緊張感を与えることもあります。対してゴシック体は、均一の太さで、遠くからでも比較的見やすいことが特徴です。線がはっきりしているので、目立ちやすいです。そのため、プレゼンやポスターなど、自分で近づいて見ることが難しい場面で活躍しますが、本などの文字量が多いものに太いゴシック体を使うと、文字が強すぎて目が疲れてしまいます。

　そのため、資料作成の際には、文章の多い配布資料には明朝体、プレゼン用のスライド資料やポスターにはゴシック体が基本と覚えておきましょう。本書で推奨しているメイリオもゴシック体の仲間ですので、覚えておいてくださいね。

明朝体は長文向き

ゴシック体は視認性が高い

明朝体

ゴシック体

覚えておきたい文字の基礎知識 ②

文字に関する素朴な疑問

Q 自分はMac派なんだけど、フォントは何がオススメ？

A Macの場合は「ヒラギノ角ゴ」がオススメです。小さいサイズでもつぶれにくく、書籍やテレビ、CMなどにも使われる汎用性の高いフォントです。

Q 大人っぽい印象が好きなので明朝体にしたいけど、ダメ？

A 長文を読ませる資料であれば良いですが、PowerPointのスライドで使うのは、初心者にはオススメしません。ゴシック系のフォントのほうが見る側にとっては見やすく、親切です。相手からどう見えるか、を考えましょう。

Q 欧文フォントをイチイチ変更するのは面倒だ。

A フォントを登録しておけば簡単です。下の図を見てください。

PowerPointの設定方法

和文・欧文フォントはそれぞれ設定

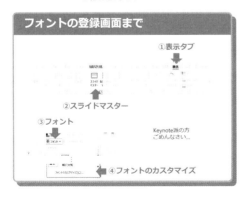

文章を読みやすくするには

行間は適度に広げて
ゆとりをもたせる

BEFORE

全体的に窮屈で読みにくい

行間が詰まっていて読みにくい。窮屈で印象もパッとしない

文字組み設定なし

- なにもしなかった場合
  - なんだか行が詰まっていて
    読みにくい気がするし、
    行間もいちいち変えるのが面倒だ。
    何かいい方法はないだろうか...

なんだか窮屈で読みにくい

文章の切り替わりがどこにあるのかもわかりにくい

窮屈な行間を広くして読みやすく！

特に意識することなく文章を入力してみたら、なんだか読みにくくなったことはないでしょうか。これは、PowerPointの初期設定の行間では行と行との間が狭すぎるからです。窮屈な行間は、見る側に負担を与え、内容を掴んでもらえません。ほんの少し広くするだけで、ぐっと読みやすくなります。

上の作例では、左は初期設定、右は見やすく

なるようにゆとりをもたせた行間です。初期設定のままだと、詰まりすぎていて窮屈な印象です。一方、右は少し行と行の間が離れることでゆとりが生まれ、文章が読みやすくなりました。

ここでは、行間を1.25倍に設定しています。一度設定すれば常にその設定で行間を広げてくれるので、毎回設定する必要はありません。

注意したいのは、行間は広すぎても読みにく

▶ 初期設定の行間では行が詰まって文章を認識しにくい

▶ 行間を少し広くすると読みやすく、見た目の印象もバッチリ

▶ 行間が広すぎても読みにくい。1.1〜1.3倍程度の設定がオススメ

行間にゆとりがあることで、一行ごとの文章がすんなり読める

AFTER

行間を広げると読みやすい

文字組み設定あり

● 行間を**1.25倍**の設定にした場合

　− なんだか行が詰まっていて
　　読みにくい気がするし、
　　行間もいちいち変えるのが面倒だ。
　　何かいい方法はないだろうか...

少し読みやすくなった！

文章の切り替わりも掴みやすい

くなるということです。例えば、行間設定を1.5倍や2.0倍に設定すると、行が離れすぎてしまい、今度は文章のつながりがわかりにくくなります。1.1〜1.3倍程度の設定が見やすいでしょう。

　行間を細かく設定するには、「ホーム」タブの「段落」の右下にある小さなボタンから変更します。このボタンを押すと、「段落」という

ポップアップウィンドウが表示されます。「間隔」という設定エリアの「行間」部分で細かい設定が可能です。ここを「倍数」にして、「間隔」の数値を「1.1〜1.3」に設定するのがオススメです。「ホーム」タブの「行間」ボタンを押すと「1.0」「1.5」などの数字が出てきて、こちらでも行間を変更できますが、細かく設定できないのでオススメしません。

文章が長くなってしまう場合のコツは？

改行は「言葉のかたまり」と「長さ」がポイント

BEFORE

やってはいけない改行

> 単語の途中で改行すると、1つの言葉が中途半端な位置でブツ切りに。目線の移動が増えて文章のつながりがわかりにくくなる

悪い改行

- 改行1つで読みやすさが大きく変わる
  - 単語の途中で改行を入れてしまうと、とても読みにくくなります
  - 文章を聴衆が読みやすい位置で改行するのは、箇条書きの基本です
  - 言い回しを工夫することで改行位置を調節しよう

このスライドの改行はどこが悪いですか？

> 文章の右側はキレイに揃っていても、読みにくい

読みやすい位置で適切に改行しよう

　用意しておいた文章をただ入力しただけでは、見やすい資料は作れません。左の作例のように、単語の途中で改行するなどの不適切な改行があると一気に読みにくくなります。なぜなら、目線を左右へ何度も動かさなければならず、切り離された単語を脳内でつなぐことになり、内容を認識しにくくなります。また、文章を違う意味で捉えてしまう可能性も出てきます。

　改行の際は、言葉のかたまりを意識して改行すると、読みやすくなります。具体的には、「単語の途中で改行を入れない」「見る人が読みやすい位置で改行する」ことがポイントです。読点など、文章が一度切れる位置で改行するのもオススメです。1行が極端に短くなってしまうとバランスが悪いので、言い回しを工夫して改行位置を調整しましょう。そもそも改行がある

▶ 単語の途中で改行するのは絶対ダメ！

▶ 言葉のかたまりを意識して読みやすい位置で改行しよう

▶ 言い回しを工夫することで改行位置を調節してみよう

AFTER

読点など、ちょうどよい位置で改行するだけで読みやすい

スラリと読める素晴らしい改行

良い改行

- 改行１つで読みやすさが大きく変わる
  - 単語の途中で改行を入れてしまうと、とても読みにくくなります
  - 文章を聴衆が読みやすい位置で改行するのは、箇条書きの基本です
  - 言い回しを工夫して、改行位置を調節しよう

| 極端に短い行を作らないように | 言葉のかたまりを意識して改行する |

言葉のかたまりを意識して改行することでスラリと読める

から問題が発生しているので、改行せずに済む1行で終わるような簡潔な文章を作るのも解決策の1つです。

　本書もそうですが、本や新聞などは、ページ数やスペースの関係で自分勝手に改行はできません。そもそも長い文章を読ませることを目的にしている場合は、改行が多くなりすぎても読みにくくなるからです。しかし、プレゼンなど

のスライドは、レイアウトもページ数も自由度が高く、自分で自由に調整することができます。また、何ページ作ったからといってお金がかかるわけでもありません。資料は相手に理解してもらうことで、生産性や利益につながることが第一なので、決められたページ数に収めることよりは、まずは見やすくすることを優先的に考えましょう。

文字間がなんだか窮屈に見える？

文字間は狭すぎても広すぎてもダメ！

1つ1つの文字を追いにくい

文字がくっついて見えてすんなりとは読みにくい…

✕

文字間 やや窮屈

悪い例

文字間を正しく設定することで
見栄えが少し良くなります。

未設定

お肉	お魚	野菜
牛肉	さんま	たまねぎ
豚肉	ぶり	キャベツ

基本は「標準」設定でOK

普段は文字間の設定を変更しない人が多いと思います。基本的には、文字間はPowerPointの初期設定の「標準」のままで読みやすい状態になっています。変に広げたり、狭めたりすると、読みにくくなるので注意しましょう。

文字間が狭いと、文字同士がくっついて、1つの文字として認識しにくくなります。左の作例内「悪い例」とある部分の文章は、文字間を狭くしすぎた例です。文字がくっつきすぎていて、スラリと読みにくいですね。右の作例のほうは「標準」に設定したものです。適度に離れていることで、読みやすいです。

しかし、逆に広くしすぎても、文字同士のつながりがなくなって読みにくくなる他、熟語などの複数の文字でまとまりを持つ単語が別々の単語に見える場合もあるので、注意しましょう。

▶ 文字間は「1つ1つの文字」を認識しやすくすることを意識する

▶ 基本はPowerPointの設定で「標準」にすればOK

▶ 見出しや表の項目などの短い言葉は少し広くするとワンランクアップ

AFTER

適度な文字間だと読みやすい

文字間 ゆとりあり

良い例

文字間を正しく設定することで
見栄えが少し良くなります。

良い例

お肉	お魚	野菜
牛肉	さんま	たまねぎ
豚肉	ぶり	キャベツ

表の短い言葉は広めが
オススメ

文字間の設定方法

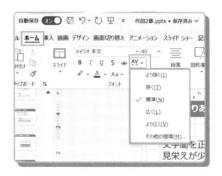

　ただし、見出しや表の項目名などが2〜4文字くらいの短い言葉の場合は、文字間を広げると窮屈感が解消されます。言葉が短い場合は、文字間が狭いとより窮屈感が増すためです。上の作例でも、左の表の単語は窮屈な印象ですが、右の表は単語が読みやすいです。右の作例では、「良い例」の部分と表の文字のみ「広く」に、文章部分は「標準」に設定しています。

021

レイアウトの基本が知りたい

情報は「探しやすく」「導く」ように配置する

BEFORE

情報が散らかっている

図の大きさも文字の位置もバラバラ。情報が整理されていなくて、パッと見で何について説明したいのかがわからない

レイアウトを無視して作成した例（1）

A の写真についての説明文

B の写真についての説明文

どちらがAで、どちらがB？ 対応関係がわかりにくい

見る人が迷わないようにしよう

配置（レイアウト）とは文章や画像、図をどのように置くのかを決めることです。ただ、単に置けばいいというものではありません。内容が同じでも、どう配置するかでわかりやすさが大きく変わります。目的を持たない適当な配置では、どんなに良い内容でも、見るに耐えない資料になりかねません。では、配置の目的とは何なのかというと「情報の整理」「視線の誘導」

「意図の明確化」の3つです。

「情報の整理」とは、情報を探しやすいよう整理することです。例えば、たくさんの資料が散らかった部屋から、特定の資料を探すのには時間がかかりますよね。しかし、ファイル分けして棚にキレイに保管してあれば、すぐに資料を引き出せます。資料も同じで、情報がキレイに整理されていれば、順番や位置がわかりやす

▶ 配置の目的は「情報の整理」「視線の誘導」「意図の明確化」の3つ

▶ 情報を整理することで、位置や順番がすぐわかるようになる

▶ 対象に対してすぐ視線がいくところに情報を置けば迷わない

AＴBで写真と説明文を整理して配置。瞬時に内容がわかる

AFTER

情報が整理されてひと目でわかる

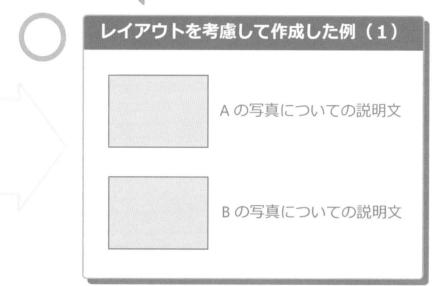

レイアウトを考慮して作成した例（1）

Ａの写真についての説明文

Ｂの写真についての説明文

それぞれの説明文が図のすぐそばにあるので迷わない

くなり、見た目もキレイです。左の作例は、図の大きさもバラバラで文字の位置もずれており、図と文字の目的がわかりにくく、見た目も美しくありません。一方、右の作例は、ＡとＢの写真をまとめたことで、内容がひと目で掴めます。

「視線の誘導」は、説明する対象に対し、情報を迷わない位置に置いて誘導することです。例えば、ある喫茶店を探しているときに、それらしい扉を見つけたのに、お店の看板が近くにないと困りますね。「よく探すと少し離れた場所にあった」では、見る側に探す手間をかけることになります。このように、何か対象があったときにすぐに視線がいくところに情報がないと困ってしまいます。右の作例のように、写真のすぐそばに説明文を置けば、視線が導かれて迷いません。

不自然な流れだと見る側にストレスがかかる

「Z型」の配置で視線を誘導

BEFORE

詳細の説明を先に読んで、その次に見出し、最後にタイトル…と読み進んでしまうので情報の構造もわかりにくい

タイトルではなく説明文から読んでしまいそう…

左から右に読み、改行で左に視線が戻るという
一般的な視線の軌道
Z型視線

自然な視線の流れに逆らうような構造は読み手にストレスや混乱を与える

人間の視線の流れ

タイトルが下にあるが、存在に気がつかずタイトルから読んでもらえない

「Z型」だと読みやすい上に理解もしやすい！

前のページで説明した視線誘導で覚えておきたいポイントが、一般的に自然な視線の軌道は左から右に読んで、改行でまた左に視線が戻り、また左から右へ…という「Z型」であることです。この視線の動きを踏まえてスライドを作成すると、読みやすく、内容も理解しやすいものになります。

まず、左の作例を見てください。この場合、

普段通り左上から読んでいく人もいれば、右下の図が目立つのでそこから読み始める人もいるでしょう。このように資料の作り手の意図通り読んでもらえないのは、デザインで視線を誘導できていないために起こります。また、タイトルや見出しが説明文の下にあるため、情報の構造を把握しにくくなり、内容も理解しにくくなります。誤解を招く恐れもある上に、見る側に

▶ 人間の視線は「左から右に読んで改行で左に戻る」のが自然な流れ

▶ Z型で視線を誘導するとストレスなく読める

▶ Z型は情報の構造も把握しやすい

タイトル、図、見出し、説明文の順で読めるので、構造がわかりやすい

AFTER

タイトルから順に読み進めやすい！

人間の視線の流れ

Z型視線

左から右に読み、
改行で左に視線が戻る
という一般的な視線の軌道

**自然な視線の流れに逆らうような構造は
読み手にストレスや混乱を与える**

ストレスなくスムーズに読める

もストレスを与えてしまいます。

一方、右の作例では、「タイトル＞見出し＞説明文」という形に情報を構造化させた上で、その順番で並べました。また、読み始めのスタート地点が左上になるよう誘導するために、図も左上に寄せました。見る人の視線が、「この図形は何？」→「Z型視線というのか」→「説明は…なるほど」と動くように、Z型に近い配置で並べています。

このように、「左上から右下」へという人間の自然な視線の流れに沿った「Z型」で並べると、見る人が迷わずに情報を追うことができ、情報の構造も理解しやすくなります。その逆に、自然な視線の流れを無視して配置してしまうと読みにくく混乱してしまう原因になるので注意しましょう。

レイアウトの際の注意点を教えて

「これ、意図通り？」
誤解を招く置き方に注意！

BEFORE

この会社は一体どういう組織になってるの？

各本部に取締会がぶら下がっているように見える？

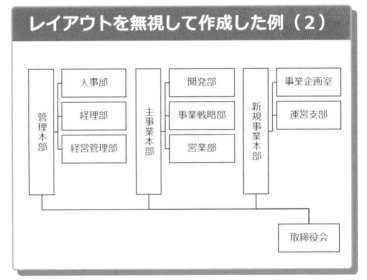

レイアウトを無視して作成した例（2）

問題は上下関係や包含関係の配置。順番が逆になるだけで意味合いが変わる

置き方次第で意味合いが変わる！

60ページで述べたように、配置の目的には「情報の整理」「視線の誘導」「意図の明確化」の3つがあります。このページでは最後の「意図の明確化」について解説します。

「意図を明確に伝える」とは、意図を、誤解を招かず明確に伝わる配置にすることです。組織図を例に考えてみましょう。上の2つの作例は上層部が取締役会、現場部門をまとめている

本部、現場部門で形成された組織です。しかし、左の作例では、そのことがわかりにくく上下関係や包含関係が伝わりません。取締役会が本部にぶら下がっているような誤解も与えかねません。これでは組織をわかりやすく示した図とは言いがたいです。

そこで、取締役会＞本部＞部門という管理体制になっていることを示すために、上から順に

▶ 配置は、意図や伝えたいことを明確にする効果がある

▶ どの位置に何を置くかで意味合いが変わる。配置次第で誤解を招く恐れも

▶ 作成後、ひと目で理解できるか第三者の視点でチェックしよう

AFTER

上から順に並べた配置によって、上下関係がわかる

組織の全体像も所属関係も明確に！

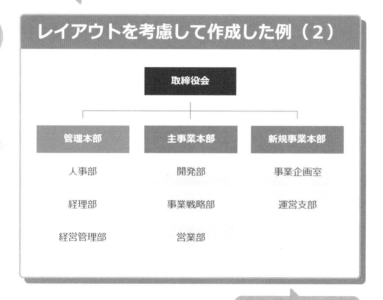

レイアウトを考慮して作成した例（2）

各本部と内包されている各部門のまとまりが出たことで、所属がわかりやすい

「層」を意識したレイアウトにすると直感的に伝わります。これだけで組織の構造がぐっとわかりやすくなり、誤解を招く可能性が下がります。

また、線だけで構成すると各部（室）が孤立した組織にも見えてしまうので、塗りつぶした図形と色分けによって本部が現場部門を内包しているレイアウトに変えると組織のまとまり感が出ます。何よりどこのグループに所属してい

るのかが見た瞬間にビジュアルで理解しやすくなります。

作成者がわかっていることでも、見る人は何も知らない状態です。だからこそ、このような誤解を与えない配置をしていく必要があります。掲載したい要素を配置したあと、第三者がひと目で理解できるかどうか、客観的にチェックしてみるといいでしょう。

→ 68ページ

→ 72ページ

わかりやすいレイアウトにするには？

配置を決める4つの 基本事項をマスターしよう

配置

LESSON 2

基本

配置

覚えておこう！ 配置の4つの基本事項

1. 位置を揃える

1つ目は、「とにかく揃えること」です。図形やテキストがきちんと揃っているだけで、見やすく、見た目もキレイになります。慎重にマウスを操作せずとも、簡単に揃える機能やテクニックがあります。

揃っている

揃っていないと気持ち悪いだけではない

| 関係性 | 順番 | 強弱・優劣 |

わかりにくい

2. グルーピング

2つ目は「情報のまとまりを意識すること」です。図と説明文、説明文と説明文など、情報のまとまりというものはさまざまな種類があります。「この情報とこの情報は仲間か？仲間でないか？」と考えることで、グループの可視化ができ、理解しやすい資料に変貌します。

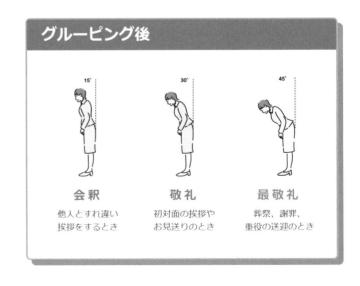

グルーピング後

会釈　15°
他人とすれ違い
挨拶をするとき

敬礼　30°
初対面の挨拶や
お見送りのとき

最敬礼　45°
葬祭、謝罪、
重役の送迎のとき

▶ 図形やテキストの位置を揃えるだけでわかりやすくキレイな印象に

▶ 情報のまとまりを意識し、少し余白を取ろう

▶ 配置によって生まれる関係性と、伝えたい内容にギャップがないか確認しよう

3. 余白

　3つ目は「余白を作ること」です。余白があると、情報を掴みやすい上に、見た目もすっきりした印象になります。少しの操作ですぐに改善できる項目です。

⇒ 74ページ

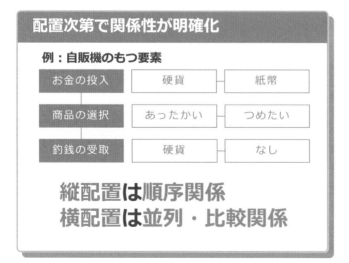

4. 関係性

　4つ目は「関係性を明確にすること」です。配置によって情報に関係性が生じることがあります。その関係性と、自分が伝えたい内容とにギャップが生じないように気をつけましょう。

⇒ 76ページ

図形や文章などの要素を見やすく並べたい

見えない線を意識して
とにかく揃えよう

BEFORE

要素がガタガタ…

> 揃っていないと、順番や関係性が理解しにくい。読むのもしんどい

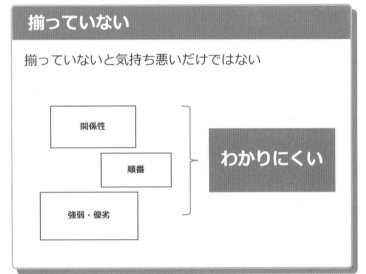

× 揃っていない

揃っていないと気持ち悪いだけではない

関係性

順番

強弱・優劣

わかりにくい

位置を揃えるだけで印象アップ！

　文章や図形、すべてにおいて、縦や横にきっちりと並べて、ずれないように揃えることを心がけましょう。ずれていると、見た目も良くないですし、読みにくいですよね。よくあるのが、ほんの少しだけずれているパターン。これも、あまりキレイではないので揃えましょう。

　白紙の上にきっちり揃えるのは難しいものですが、モニターに定規をあてるなんてことをす

るわけにもいきません。ですが、編集画面に「グリッド線」を表示すると簡単です。編集画面に、方眼用紙のような補助線が表示されます。補助線を利用して、文頭を合わせたり、図形を並べたりするとサクッと揃えられます。

　また、図形を普通にコピー＆ペースト（コピペ）をすると、図形がずれた状態で複製されることがありますよね。その場合は、水平・垂直

▶ 文章も図形も、縦横にきっちり並べてずれのないよう配置しよう

▶ グリッド線を表示すれば、簡単に揃えられる

▶ 水平・垂直コピーで図形をコピーすればズレない

上下左右が揃うと順番がわかりやすく、読みやすい

AFTER

揃えるだけで整った印象に

揃っている

揃っていないと気持ち悪いだけではない

| 関係性 | 順番 | 強弱・優劣 |

わかりにくい

見た目も美しく、揃えただけで好印象

コピーを使うと、そもそもずれることがありません。グリッド線の表示方法と水平・垂直コピーの方法は次の70ページで詳しく解説します。

　文章や図形が揃っていないのは、雑な印象を与えるだけでなく、読む順番を混乱させて内容理解を遅らせる原因になります。文章であれば、行頭が他の文章や図形ときちんと揃っていないと、次はどこを読めば良いのかわからなくなっ

てしまいます。図形であれば、囲いやカッコなどが中途半端にかかっていたり、はみ出していたりするだけで誤解を招く原因になります。

　また、サイズや縦横比が違うだけでも、見る人は大小関係があるのだと勘違いすることもあります。もちろん縦横の位置も揃っていなければ図形同士の関係性もわかりにくくなるので注意しましょう。

– COLUMN 1 –

配置の便利機能①

グリッド線と
垂直・水平コピーのやり方

2つの機能でサクッと揃える!

　PowerPointで図形やテキストを揃える際、何もなしでは揃えにくいでしょう。そこで定規代わりに利用できるのがグリッド線です。方法は簡単。「表示」タブから「グリッド線」のチェックボックスにチェックを入れるだけ。すると、補助線が表示されるので、これを定規代わりにして文章や図形を並べると、きっちり揃えることができます。

　垂直・水平コピーは、同じ図形を複数使いたいときに使える機能です。「Ctrl+Shift」を押した状態で、コピーしたい図形をドラッグしてみましょう。すると、水平または垂直にコピーすることができます。超簡単なのに、便利なワザなのでぜひ覚えておいてください。

グリッド線の表示

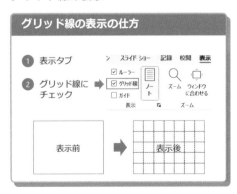

垂直・水平コピー

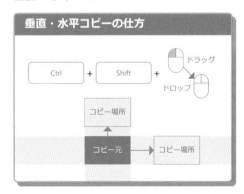

配置の便利機能②

さらに見栄えを良くする整列のやり方

ボタン1つでピタッと揃う

　同じような図形を同じページに複数配置する場合、等間隔に配置するとより見栄えが良くなります。しかし、手動で等間隔に配置することは意外と大変です。そこで、「配置」機能を使ってみましょう。

　まず、オブジェクトを複数選択します。複数選択は「Shift+クリック」や「ドラッグで領域選択」するなどで行えます。そして、「ホーム」タブにある「配置」をクリックします。すると、ポップアップ画面が現れるので、「配置」を選択します。すると、さまざまな揃え方を選択することができるので、自分の意図にあったものを選択しましょう。等間隔に配置するだけではなく、上下左右の端を揃えたい場合にも使える機能です。今回の図例では、「上揃え」で図形の上下を揃えて、「左右に整列」で間隔を揃えています。

配置機能で間隔と端を揃える

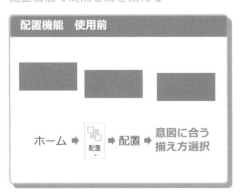

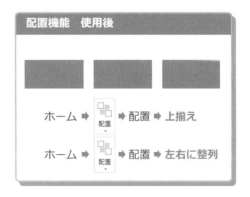

複数の要素があるとゴチャゴチャしてしまう

情報は同じグループごとに まとめよう

BEFORE

図と文が離れると関係性がわかりにくい

> どの図が会釈なのかと迷ってしまう。一番右が会釈かな？と思ったら最敬礼……

グルーピング前

会釈
他人とすれ違い
挨拶をするとき

敬礼
初対面の挨拶や
お見送りのとき

最敬礼
葬祭、謝罪、
重役の送迎のとき
※特に注意

15°　　30°　　45°

> よく見たら、ようやく上の説明文が一番左の図、中段の説明文が中央の図、下が右の図と対応してるとわかった……時間かかりすぎ

複数の要素をまとめよう

　グルーピングとは、その名の通り、あらゆる要素を情報のかたまり（グループ）ごとに分類して、まとめることです。ポイントは、「同じグループのものは近づけ、違うグループのものは離す」。たったこれだけです。

　例えば上の作例のように、1枚のスライドで「会釈」「敬礼」「最敬礼」という3つのお辞儀の違いについて図と文章で説明したいとき、グルーピング前の左の作例のようなレイアウトでは、どの文章と図が対応しているのか相手に考えさせてしまいます。作成者は左が会釈、中央が敬礼、右が最敬礼だとわかっていますが、見る人は何の情報も持っていないので、どれがどれだかわかりません。口頭での説明を聞いて、ようやく「あ、一番上の文章が、左の図に対応しているのね」と理解できるはずです。

▶ グルーピングとは、情報のまとまりごとに分類し、まとめること

▶ 複数の要素を掲載する際は、同じグループ同士でまとめると見やすくなる

▶ 同じグループのものは近づけ、違うグループのものは離すのがコツ

AFTER

図と説明文を、まとまりごとに分類しているのでわかりやすい

図と文を近づけると関係性がはっきりする！

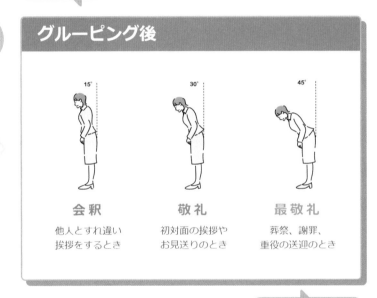

グルーピング後

図のすぐそばに説明文があるので、何の図なのかすぐにわかる

「たった一言の説明でわかるなら、グルーピングしなくていいのでは」と思うかもしれませんが、スライドの枚数が何枚もある場合、その都度説明していては貴重な制限時間を食いつぶしますし、何より内容理解に手間がかかるので、見る人に対して不親切です。

今回の場合だと、対応し合う図とその説明文を隣接させると、図と説明文が1つのグループであることを示すことができます。また、図が3枚あるので、それぞれの図と文章を混同しないようそれぞれのグループは少し距離を離して配置するのもポイントです。さらに、白地を敷いて情報グループを可視化して比較対象をはっきりさせています（薄い枠線でもOK）。そうすることで、どれがどの図の説明だと、何の口頭説明もなく、しかも瞬時に理解してもらえます。

いつもギュウギュウ詰めな資料を作ってしまう

余白を作って 「すっきりスライド」を目指そう

BEFORE

見るからにギュウギュウ詰め

要素が詰まりすぎて余裕がない

余白のないスライド

スライド満員電車

- せまいよ
- 苦しいよ
- きついよ
- つぶれる

見た目もあまり良くない印象

なってませんか?「スライド満員電車」

　たいていの人は、一度は人でギュウギュウ詰めになった満員電車に乗ったことがあるのでは? そのときの気持ちは、とても不快なはずです。スライドもまったく同じで、文字や図形に余白がないとギュウギュウ詰めの印象になり、1つ1つの情報(オブジェクト)を認識しにくくなります。逆に、余白を作ると、情報が認識しやすいスライドになります。例えるなら、と

ある人物を満員電車の中で捜すのと、広めの場所に並んでもらってから捜すのと、どちらが捜しやすいかという話です。

　右の改善例では、ただ単に、オブジェクト同士の距離をとったり、文字が入っているオブジェクトのサイズを大きくしたりしただけです。これだけで、窮屈感や読みにくさを軽減することができます。

▶ 余白のない資料は情報を認識しにくく、見た目も良くない

▶ ゆとりをもたせることで、情報を認識しやすくなる

▶ 文字を四角形などで囲む場合も、少しゆとりをもたせよう

オブジェクト同士に間をもたせるだけですっきり

AFTER

ゆとりが生まれて見た目もきれい

余白のあるスライド

スライドすっきり

ひろいよ

快適

ラクチン

気楽

「スライドすっきり」の文字の周りも、余白があることで見やすい

　あえてオブジェクト同士の余白を狭めることで「グループであること」も表現できます。ですが、別のグループと余白が取れておらず窮屈になっていないかは十分に注意してください。余白でグループを表現するには、同じグループ同士は余白を狭めつつ、違うグループ同士は余白をしっかり作る必要があります。

　気づきにくいかもしれませんが、「快適」「気楽」という文字と文字の間をよく見て下さい。少し間が開いて、ゆとりがありませんか？ 59ページでも解説したようにこうした短い単語（2〜3文字）も、文字間を開いてゆとりをもたせると、少しだけすっきり見えます。ホームタブの「AV」というアイコンが、文字間の調整をする機能です。ここを使って、文字間を「広く」か「より広く」を選択してみましょう。

順番や比較をするときの並べ方の基本が知りたい

「縦配置」と「横配置」を使い分ける

BEFORE

ひと目では、順序関係と比較関係を掴みにくい

並び方を間違えるとピンとこない図に

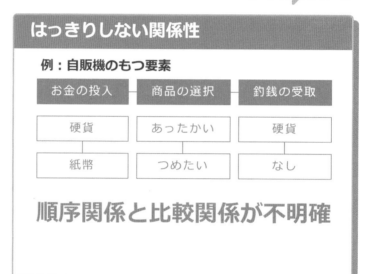

縦横の並べ方次第で意味が変わる

複数の要素を並べて何かを説明したい場合、縦と横、どちらに並べるか迷ったことはありませんか？ この縦横の並べ方でも情報の意味が変わるので、表現したい関係性によっては配置方法を変える必要があります。基本は、「順序関係と論理展開は縦、並列・比較関係は横」で表現すると覚えましょう。

上の作例は、自販機のもつ要素を、四角形の

図形を縦横に並べて表現してみたものです。左側と右側の作例で、要素の並べ方の縦横を入れ替えています。

「お金の投入」「商品の選択」「釣銭の受取」は、「操作手順」を示しています。「順序関係」があるので、右の作例のように縦に並べたほうがスムーズに理解できます。一方、「硬貨」と「紙幣」、「あったかい」と「つめたい」、「硬貨」と「なし」

▶ 順番のあるものは縦に置くとスムーズに理解しやすい

▶ 比較したいものは横に置くと見比べやすい

▶ 並べ方を間違えると混乱を招くので要注意

AFTER

関係性がはっきりする

手順を示す内容は縦に並べることで、順序がわかりやすい

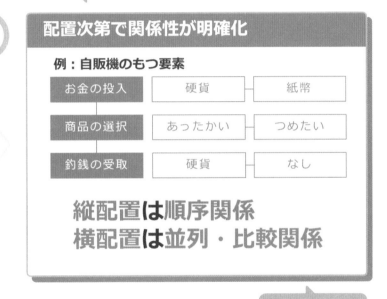

配置次第で関係性が明確化

例：自販機のもつ要素

お金の投入	硬貨	紙幣
商品の選択	あったかい	つめたい
釣銭の受取	硬貨	なし

縦配置は順序関係
横配置は並列・比較関係

並列を示す内容は、横に並べることで見比べやすくなった

のように、「選択肢」や「場合」「種類」などの「並列関係・比較関係」を表しているものは、横に並べたほうが見比べて比較しやすいです。

　順序関係同様、論理展開も流れがあるので、縦配置のほうが違和感なく理解しやすいです。順序関係や論理展開は縦に流れ、比較は横に並べる。これが自然なルールだということを覚えて表現しましょう。

論理展開＝縦、比較＝横

今日はこの内容で話します

- ターゲット
- 競合商品
- 新商品
- 今後の展開

商品AとBの比較をします

商品A	商品B
内容	内容

色の使い方のコツが知りたい

色をきれいにまとめる3原則

BEFORE

色鮮やかで目がチカチカ

> カラフルすぎてごちゃ
> ごちゃして見える

無差別に色を使う場合

色をきれいにまとめるための3原則

1　色数はできるだけ**少なく**

2　色の使い方を**統一**する

3　**色に頼らない**

色数を少なくして、使い方を統一しよう

色は、簡単に見た目を変えることができる分、ルールを設けずに自由に使うと、資料の印象を大きく悪くしてしまいます。逆に言えば、ほんの少し使い方のルールを定めるだけで、資料を見やすく、かつ見栄えも良くすることができます。

色の基本は3つあります。1つ目は、色の数はできるだけ少なくすること。色の数が多いと

色鮮やかできれいに感じられるかもしれませんが、煩雑でごちゃごちゃした印象を与え、何が大切なのか情報の重要度もわかりにくくなります。そのため、極力色数を絞って、限られた色から選んで使用すると、すっきりした印象に見え、重要度も判別しやすくなります。

2つ目は色の使い方を統一すること。重要な言葉にはこの色、スライドの見出しデザインに

▶ 色数はなるべく絞ったほうが、見栄えもよく情報も伝わりやすい

▶ 「見出し」「重要な言葉」などどこでどの色を使うのか、ルールを決めて統一しよう

▶ 「重要な情報＝赤色」という過去の記憶に縛られず、色の特性を効果的に使おう

AFTER

すっきりした印象になり重要な箇所が明確に

見た目もキレイで伝わりやすい

ルールを決めて色を使う場合

色をきれいにまとめるための3原則

1 **色数はできるだけ少なく**

2 **色の使い方を統一**

3 **色に頼らない**

はこの色、というように、どこでどの色を使うのか、最初からルールを決めておきましょう。全体のデザインに統一感が生まれ、整った印象を与えられ、何より「どの色で塗られた情報が重要か」がわかりやすくなります。

　3つ目は同じ色に頼るのではなく、目的に応じて色の特性を利用すること。小・中学校で「大事なことは赤ペンで書くこと」を覚えた人

が多いからか、「重要だから赤にしよう」と、なんでも同じ色に頼ってしまいがちです。しかし、色はそれぞれ特性を持っているので、色によって与える印象が変わってきます。内容に応じてそれを利用するとワンランク上に見えます。「この色の特性を利用して、よりわかりやすくしよう」という考えで使っていきましょう。色の特性については92ページで解説しています。

センスに頼らない配色のコツが知りたい！

ベースカラー・メインカラー・アクセントカラーの3つを決める

SAMPLE_1

決め方がわかれば迷わない

> **色 | 原則に基づいた配色**
>
> 基本色の決め方とルール化
> **ベースカラー、メインカラー、アクセントカラーを**
> 決めて使いまわす
>
> ■ **ベースカラー**
> 主に文字に使う基本色（背景は白＋文字は黒が基本）
>
> ■ **メインカラー**
> 見出し、ボックス、強調させたい箇所に使用
>
> ■ **アクセントカラー**
> メインカラーとの区別や特に注目を集めたい箇所に使用
>
> **色が多いと煩雑な印象になるため**
> 配色に意味がなければ、できるだけ少なくしよう

基本の色を決めよう

　配色を決めるというと、センスという名の個人差があるように感じます。ですが、安心してください。センスに頼らず決める方法があります。主に使う3つの基本色を決めると、全体的に統一感が生まれやすく、重要なことも伝わりやすくなります。

　まず、「ベースカラー（地の色）」を決めましょう。これは背景と文字の色のことで、白地に黒文字が基本です。88ページで背景と文字色について詳しく解説しているのでこちらもぜひチェックしてみてください。

　次は「メインカラー（テーマとなる色）」を決めましょう。これはスライド全体の主体となる色で、見出しやボックス、強調したい箇所で使います。ビジネスの場合はコーポレートカラー（会社のブランド色）を基本にすると迷いま

▶ ベースカラーは白地に黒文字が基本

▶ メインカラーは見出しなどに使うテーマカラー

▶ アクセントカラーは注目させるための色。メインカラーの補色がオススメ

アクセントカラーはメインカラーの補色に

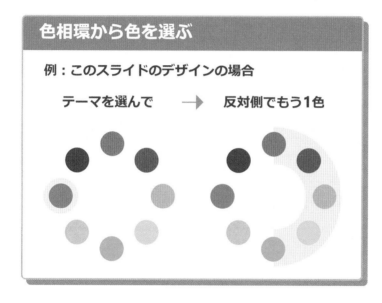

せん。作例では少しくすんだ青にしています。

　最後は、「アクセントカラー（アクセントに使う色）」を決めましょう。メインカラーと差をつけて目立たせることで、特に注目を集めたい箇所に使う色です。メインカラーと補色関係になる色にすると、目を引く色になります。このとき、色相環という色の輪から選ぶと選びやすくなります。メインカラーとはだいたい反対側に位置する色を選んでください。色相環はネット検索で簡単に出てきます。ただし色相環でも選びにくい場合もあるので、86ページも参考にしてください。作例では、メインカラーの青の補色である黄色にしています。自信がない場合は、メインカラーは暗めの色（紫、青、緑）、アクセントカラーは明るめの色（赤、橙、黄）で選ぶと、間違いないでしょう。

─ COLUMN ─

色の便利機能

よく使う色の設定は
登録しておこう

スライドマスター画面の「配色」から設定

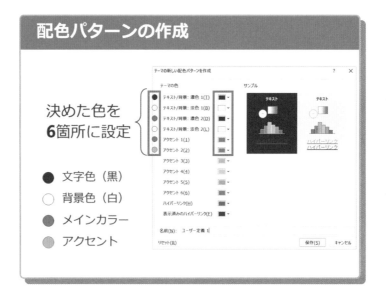

基本色を登録して作業時間を短縮

　資料作成のたびに色を選んだり、設定するのはいちいち面倒ですよね。使う色が決まったら、PowerPointで登録しておきましょう。一度登録しておけば、次からも同じ色の設定を使うことができ、作業時間短縮につながります。複数の色の組み合わせを登録しておけば、用途に応じて使い分けることも可能です。

　まず、「表示」タブ→「スライドマスター」

の順にクリックして、スライドマスター画面を開きます。次に、「配色」→「色のカスタマイズ」とクリックして進みましょう。「テーマの新しい配色パターンを作成」が表示されたら、細かい色の設定が出てきますので、上の左の図のように6箇所の色を設定していきます。色のボタンを押すと色の選択画面が表示されます。「テーマの色」という一覧か

色設定の際は原色を避ける

色選びの際、原色は避けて少しくすんだ色を選びましょう。90ページで詳しく解説していますが、少しくすんだ色のほうが落ち着いた印象でまとまりやすく、統一感も出しやすくなります。右の図も真っ黒と真っ白ではなく少しくすんだ白と黒を選んでいます。目がチカチカしないよう、コントラスト差を減らすことができます。

背景色
（白）

文字色
（黒）

自分の決めた色に近い色を選ぶ

色の選択画面へ

「その他の色」選択 → 決めた色に近い色を選択

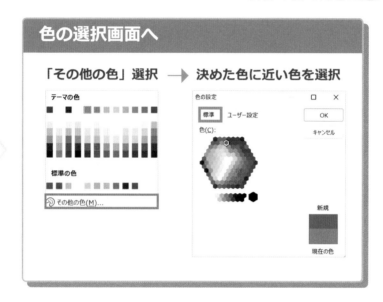

ら選ぶこともできますが、ここではなるべく意図通りの色を選びたいので、「その他の色」を選択します。

　次に、「標準」タブをクリックして、自分で決めた色に近い印象の色を選んでみましょう。細かい設定をしてみたい方は、「ユーザー設定」タブでも設定できるのでチャレンジしてみてください。これを6箇所分行います。

上から順に文字色（黒）、背景色（白）、メインカラー、背景色（白）、メインカラー、アクセントカラーと設定していきます。

　6箇所分の色設定を終えたら、わかりやすい名前をつけて保存しましょう。保存とともに、この色設定がスライドに適用されます。色を選ぶ際、設定した色を選択できるようになります。

色を使い分けるための注意点は？

大切なのは配色だけじゃない！
色の割合のルールで印象アップ

BEFORE

配分を間違えると大変なことに

アクセントカラーの割合が多すぎて、もはやメインカラー？

色を使う割合を無視

ベースカラー	メインカラー	アクセントカラー

?%

ベースカラー	通常の文章などに使う
メインカラー	まあまあ大事なことを示す
アクセントカラー	最も重要なことを示す

ルールなしの適当配分はNG！

色を決めて一安心、と思うかもしれませんが、使う割合も気にしないと見にくいスライドになります。例えば、ベースカラー、メインカラー、アクセントカラーの配分を気にせず使うと、スライド全体がまだら模様のようになり、どれが重要なのかもわからず、見栄えも悪くて見にくくなってしまいます。それぞれの目的に即した割合にすることで、色が効果的に機能します。

色使いの割合は諸説ありますが、本書ではベースカラー70%、メインカラー25%、アクセントカラー5％という割合での使用をオススメします。あくまでも目安なので感覚的な数値ですが、これを意識して色を使っていくだけで、バランスが良い印象に仕上がり、「センスが良い」印象のスライドへと変わります。

数値の割合だとわかりにくい人は、「まあま

▶ アクセントカラーを乱用すると、見栄えが悪く、見にくくなる

▶ ベースカラー70%、メインカラー25%、アクセントカラー5％を目安にしよう

▶ 「まあまあ大事」はメインカラー、「一番大事」はアクセントカラー

ベース・メインカラーの割合が増えたことで、見栄えも良く見やすくなった

AFTER

色の割合で印象が激変

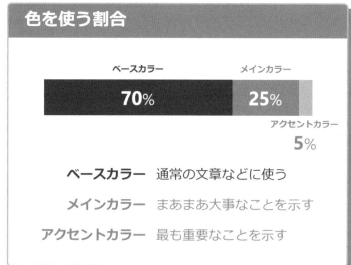

アクセントカラーのボリュームを減らすとすっきりわかりやすい

あ大事なところはメインカラー、一番大事なことだけにアクセントカラー」というルールを最低限覚えておきましょう。このルールを心がけて色を配分すれば、アクセントカラーを乱用することなく、色の割合のバランスを守りやすくなります。アクセントカラーのボリュームが多すぎると、アクセントではなくなってしまうので注意が必要です。

COLUMN

色数を増やすなら濃淡を活用

どうしても基本の3色よりももっと色を使いたい場合、単純に色数を増やしてしまうとごちゃごちゃした印象になってしまいます。こういった場合は、ベースカラー、メインカラー、アクセントカラーの基本の3色の濃淡を変えた色を使いましょう。ごちゃごちゃ感が出にくいので、まとまった印象に見えます。

カラー別・色の割合ルール サンプル集

1.メインカラー青、アクセント黄色

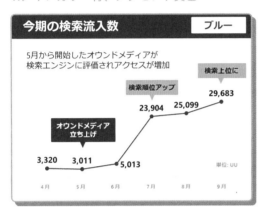

メインカラーはブルー、アクセントカラーはイエローです。本書の作例デザインと同じような使い方でOKです。

2.メインカラー緑、アクセント黄色

メインカラーはグリーン、アクセントカラーはイエローです。本書の作例デザインと同じような使い方でOKです。

3.メインカラー赤、アクセント赤

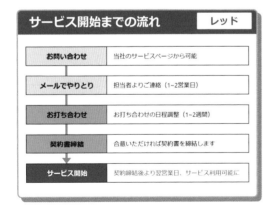

メインカラーはレッド、アクセントカラーもレッドです。レッド自体が強い色なので、他の色をアクセントに選んでもレッドが目立ちがち。そのため濃淡で重要度を表現するのがオススメ。

4.メインカラー黄色、アクセントオレンジ

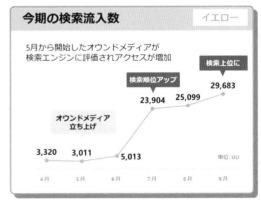

メインカラーはイエロー、アクセントカラーはオレンジです。イエローは白背景に溶け込むおそれがあるので、細い線や文字を着色する場合は、少し色を濃いイエローにしましょう。

メインカラーってどうやって決めればいいの？

メインカラーはコーポレートカラーやサービスカラーを選ぶ

会社のイメージを想起しやすくする

メインカラーはなるべく「コーポレートカラー」や「サービスカラー」を選びましょう。会社やサービス（商品）を代表して世の中に出す資料の場合、その会社のイメージを伝えることも必要だからです。例えば、「緑色のメッセージアプリ」と言えば、某企業が想起されますよね。また、コーポレートカラーと資料に統一感があると信頼感も伝わってきます。

例えば、下のBEFORE画像のように、会社のコーポレートカラーが紫なのに青のメインカラーで資料を作ると、会社のロゴや Webデザインとの統一感がなくなり、それらの画像を資料に使ったときにまとまりがなくなってしまいます。また、会社のブランドも印象づけにくくなります。一方、コーポレートカラーに合わせた紫をメインカラーにすると資料にまとまりが生まれます。スポイト機能を使ってロゴなどから色を抽出すれば、簡単にPowerPoint上でコーポレートカラーを使うことができます。

会社ではなく個人的に作成した資料であれば、相手に与えたい印象（元気、冷静など）から色を選びましょう。

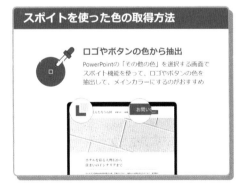

文字色と背景のコツ①

文字が見やすい
色の組み合わせを覚えよう

BEFORE

文字が目に入ってこない…

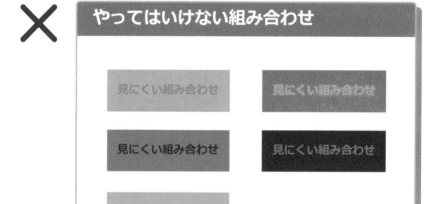

有彩色同士は、色がケンカしてしまう

やってはいけない組み合わせ

見にくい組み合わせ

見にくい組み合わせ

見にくい組み合わせ

見にくい組み合わせ

見にくい組み合わせ

見にくい組み合わせ

暗い色同士、明るい色同士は背景に文字が溶け込んでしまう

色の組み合わせは背景の濃さにヒントあり！

　PowerPointはたくさんの色を選べるので、つい凝った色の組み合わせにしてしまう人もいるのではないでしょうか。また、なんとなくで決めている人も多いでしょう。

　しかし、色の組み合わせによっては、文字が見にくくなってしまうことがよくあります。やってはいけないパターンを覚えて、解決法を身につけましょう。

　例えば、左の作例を見てもわかるように、緑と赤は非常に相性が悪い組み合わせです。文字がまったく目に入ってきません。基本的に、有彩色同士は色同士がケンカしてしまうので組み合わせるのは難しいです。背景も文字もカラフルだときれいに感じるかもしれませんが、文字を読ませるには適していないので避けましょう。

　また、青と黒もかっこよさそうな組み合わせ

▶ 鮮やかな色同士の組み合わせは、文字が読みにくくなるので避ける

▶ 濃い色同士、薄い色同士は背景と文字にコントラストがなくて読みにくくなる

▶ 背景と文字色はコントラストをつけ、文字色は必ず白か黒を選ぼう

背景が濃い場合は白文字にするとすんなり読める

AFTER

パッと見で文字が目に飛び込んでくる

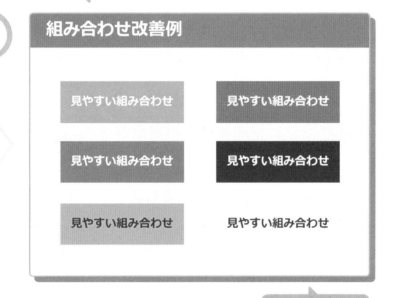

組み合わせ改善例

見やすい組み合わせ 見やすい組み合わせ

見やすい組み合わせ 見やすい組み合わせ

見やすい組み合わせ 見やすい組み合わせ

背景が薄い場合は黒文字にすると、文字がしっかり見える

ですが、背景と文字色としては相性が良くありません。暗めの色同士は、文字がはっきり見えなくなるからです。

黄と白のような薄めの色同士も、文字がはっきり見えなくなります。

ここからわかるように、「暗い色には薄い色、薄い色には暗い色を組み合わせ、文字色は無彩色（白か黒）を選ぶ」というルールで色を選ぶ

と、見やすい印象になります。つまり、背景と文字色はなるべくコントラストをつけると良いということです。

この解決法に沿って直したものが右の作例です。文字が背景とケンカしたり溶け込んだりせず瞬時に目に飛び込んできて、視認性がぐっと高まります。すっきりと見やすくなりました。

スライド資料では
ほんの少しくすませる

色

BEFORE

くっきりぱっきりスライドの場合

> こうして見ると悪くない気もするが、スライドで見ると、コントラストが強くて背景の白がちょっとまぶしく感じるかも

真っ白と真っ黒

ドギツイ印象にならないように
コントラスト差を減らそう

少しくすんだ色を選ぶと
やわらかでスタイリッシュに！

> 見た目の印象としても、もう少しセンス良く見せたい

真っ黒と真っ白の組み合わせも本当は良くない!?

　文字色は黒、背景は白が基本だと本書では説明しており、実際、読者の中にもこうしている人も多いでしょう。

　しかし、実は、「真っ白」も「真っ黒」も、プレゼンでのスライド資料では決してベストではありません。白も黒も、ほんの少しくすませることをオススメします。なぜなら、コントラストが強すぎると、目がチカチカするからです。

　スクリーンは、投影機が生み出した人工的な光が反射されて目に入ってきます。さらに、スクリーンに投影する際は、周りの照明も落とすので、より集中的で強い光が目に飛び込んできます。そのため、少しくすませてコントラストを弱めたほうが、目にやさしいのです（ただしリモートプレゼンではモニターの輝度を調整すればいいのでくすませる必要はありません）。

▶ スライドの場合は、背景と文字色のコントラストが強いと目がチカチカする恐れがある

▶ 少しくすんだ色にすると、目にやさしい

▶ くすんだ色は、初心者でもセンス良くまとめやすいという効果も

文字の見やすさをキープしたまま、おだやかな印象になった

AFTER

くすませなじませスライドの場合

薄い灰と濃い灰

ドギツイ印象にならないように
コントラスト差を減らそう

少しくすんだ色を選ぶと
やわらかでスタイリッシュに！

背景、文字、見出し部分の色がなじんでまとまりよく見える

　本書は紙でできているため、作例を見ても効果がわかりにくいかもしれません。それは、「紙から反射される光」と、「スクリーンから反射される光」は全然違っているからです。紙の場合だと光が反射して目に入ってくるので、スライドほど強い光ではないため、真っ白な背景に真っ黒な文字でも問題ないのです。

　なお、くすんだ色の背景と文字は、「どぎつい印象」から「やわらかな印象」へ変え、デザイン的にもセンス良く見えやすいという効果もあり、初心者にもオススメです。鮮やかな強い色はそれだけで印象が強いので、組み合わせる色が難しく、どうしてもどぎつい印象になりやすいです。少しくすんだ色のほうが色同士がなじみやすいので、色を組み合わせやすく、簡単に見栄え良くまとめやすいのです。

色をもっと効果的に使うには？

色のイメージを使えば
資料を効果的に演出できる

SAMPLE_1

多くの人が思い浮かべる色のイメージを使おう

最低限覚えておけば役立つ色の効果

それぞれの色に適した表現

赤	停止・禁止・誤り・高温の表現
黄	緊張・注意・苛立ちの表現
緑	許可・安全・正しさの表現
青	集中・失望・低温の表現

自分の表現目的に応じて使い分けるのがコツ

色が持つ「印象」を利用する

色使いの応用編です。資料では、使う色を限定するのが基本ですが、それだけだと表現に限界があります。必要な場面でのみ制限を取っ払って、色の特性を効果的に使っていくとワンランク上の資料が完成します。

色の特性は皆さんの潜在意識にありますので、わざわざ覚える必要はないかもしれません。「赤色にはどういったイメージがありますか？」

と周りの人に聞いてみると、「あたたかい」「危険」など、ある程度共通の答えが返ってくるでしょう。そういった、多くの人が持つ色のイメージを使うのです。すると、色から連想されるイメージによって、内容をより直感的に理解してもらいやすくなります。

例えば、右の作例のように温度や正誤などによって色をつけることで、瞬間的にイメージが

▶ 必要なときだけ、限定的に色の特性を使おう

▶ 内容に合わせて、イメージが合う色を使うと、内容が即座に伝わる

▶ 配色の基本ルールと組み合わせて色を選ぶことでより効果的な資料になる

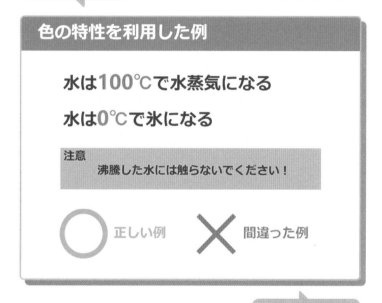

SAMPLE_2

温度や正誤を色で表現することで、より直感的にわかりやすくなる

内容に応じて色を変えるとイメージしやすい

色の特性を利用した例

水は100℃で水蒸気になる

水は0℃で氷になる

注意　沸騰した水には触らないでください！

◯ 正しい例　　✕ 間違った例

文字をすべて読まなくても直感的に伝えたいことがわかり、親切

伝わります。また、「落ち着いている」「かっこいい」「明るい」など、スライド全体が与える印象もコントロールできます。代表的な色別の表現を左の作例にまとめているので、参考にしてください。

　私の場合、スライドに集中してもらい落ち着いた印象を与えたいので、メインカラーを青系にしています。そして重要な箇所には注意を引

きたいので、アクセントカラーには注意を表現する黄色系を選んでいます。もちろん、81ページで解説した色相環による方法にものっとって青の補色でもある色を選んでいるので、見た目の印象も整っています。

　見た目の良い配色と色の効果の両方を組み合わせると、より効果的な資料にすることができます。

伝えたいことをもっと目立たせたい

スライドごとに
キーワードを見つけて強調しよう

BEFORE

箇条書き部分があまり目に留まらない

> 内容は簡潔に整理されているが、1〜4の箇条書きに強弱がなく、理解するためにはすべて読み込む必要があり、理解に時間がかかる

強調方法を知らない場合

キーワード発見と強調方法

① スライドごとに何を伝えたいのか考える

② ①をもとにキーワードを選ぶ

③ キーワードが6〜7個以上なら絞る

④ あらかじめ決めていた強調方法で強調する

伝えたいことは何なのか？ まずはキーワードを捉えよう！

KISSの法則にのっとってシンプルな見た目にしても、メリハリのない文では「何を伝えたいのか」がしっかりとは伝わってきません。そのため、特に伝えたいポイントを見た目の工夫で強調する必要があります。

例えば左の作例を見てください。内容はよく整理されています。しかし、「キーワード発見と強調方法」という見出しは目に入ってきます

が、1〜4の箇条書きで記されている肝心の中身は、あまり頭に入ってきませんね。これは、メリハリがなく目に引っかかるポイントがないためです。改善するには、「特に伝えたいポイント」を見つけ出し、強弱をつけることで、情報の優先度をわかりやすくする必要があります。

しかし、適当に強調していてはよくわからない資料になってしまいます。なんとなく「大事

▶ メリハリのない文・見た目では重要なことが伝わらない

▶ いきなり強調するのではなく、まずはキーワードを見つけよう

▶ キーワードは多くしすぎず、絞り込む

重要ポイントが目に留まる

強調方法を覚えた場合

キーワード発見と強調方法

① スライドごとに**何を伝えたいのか**考える

② ①をもとに**キーワードを選ぶ**

③ キーワードが**6~7個以上**なら絞る

④ <u>あらかじめ決めていた強調方法</u>で強調する

> 箇条書きの行ごとに、
> キーワードが強調され
> ていて目に留まる

そう」だと思った箇所を何も気にせず強調していくと、無尽蔵に強調箇所が増えて強調だらけの資料になることも…。

　まずは、スライドごとに何が伝えたいのかを再考し、キーワードを見つけてみましょう。そのキーワードを強調することで、相手に何を伝えたいのかを理解してもらいやすくなり、メモをとってもらうべき点としてもわかりやすくな

ります。

　ただ、キーワードが多くなりすぎないよう、ある程度絞ってください。キーワードが多すぎると、情報の強弱がなくなってしまい意味がなくなるので注意しましょう。キーワード数は、スライド1枚につき、最大4個程度と目安を決めて作成するのがオススメです。

基本は「太字」
長文のみ「下線」で強調

BEFORE

文字の強調方法を誤った場合

文字の強調方法

B	**太字** *タイトルや強調したい箇所に限定的に使用するとよい*
I	**斜体** *欧文で強調したい箇所に使うと効果的*
U	**下線** *本文や比較的長い文章で強調したい箇所に使うと効果的*
S	**文字の影** *印象の変化が微妙で、滲んだ印象になりやすいため非効果的*

> 斜体や文字の影を使うと、目立たずごちゃごちゃした印象にも…

状況に適した強調方法を覚えよう！

テキストの強調方法には、「太字」「斜体」「下線」「文字の影」の4つがあります（ワードアートは目立つように感じますが、36ページで解説した通り論外です。絶対に使ってはいけません）。

まず「太字」は、タイトル・見出しなどの目を引く部分に使います。その他に、重要だと思うキーワードに使います。一番差異が出やすい

ので、メインは太字を使っていくことがオススメです。

次に「斜体」ですが、これは英文主体の資料を作成するときにのみ使います。英文の強調には効果的でしょう。日本語ではフォントの形状が変わってしまい読みにくい印象になるので、あまり使わないようにしましょう。

「下線」は、比較的長い文章を強調するとき

▶ 「太字」は差異がわかりやすいのでメインで使う

▶ 長文を強調するときのみ「下線」を使う

▶ 「斜体」は英文主体のときに使える

> 一番目立たせたい部分は太字、長い文章には下線を使う

AFTER

太字と下線で統一すると見やすい

文字の強調方法

B **太字**
タイトルや強調したい箇所に限定的に使用するとよい

I **斜体**
欧文で強調したい箇所に使うと効果的

U **下線**
本文や比較的長い文章で強調したい箇所に使うと効果的

S **文字の影**
印象の変化が微妙で、滲んだ印象になりやすいため非効果的

に使います。長い文章に太字を使うと、重くてゴテゴテしてしまい、読みにくい印象になる上に見た目も美しくありません。どうしても文章が短くできないときは、これで重要な部分を強調すると良いでしょう。

　最後に「文字の影」ですが、これは使いません。一見、カッコイイかもしれませんが、他の文字との差異が少なく、強調にはほど遠いもの

です。変化がわかりにくいものを使用するのは強調の意味がありませんし、デザインの見た目としても、バラつきが出てしまいます。

　基本的には、「太字」、長い文章には「下線」を使うといいでしょう。ただし、1つの文章の中に太字と下線が混在するとどちらが重要なのかわかりにくくなってしまうので、混在は控えたほうが良いでしょう。

数字を効果的に見せる方法は？

数字は大きく！
単位は小さく！

 BEFORE

内容が良くても台無しな資料

「99％」と印象的な数字が使われているが、効果が感じられない

× **平坦な文**

この書籍の購入者のうち
99%の人のスライド作製技術が向上

ぜひ本書をスライド作成バイブルに！

大切な数字は大きくして説得力アップ！

ビジネスや研究などあらゆる分野で、数字は物事を説明するときに、訴求力や説得力を高める大事な要素です。最近は文章においても、数字を使って説得力を増すテクニックなども紹介されています。

しかし、どんなに重要な数字であっても、メリハリのない平坦な文で表現してしまっては効果的とは言えません。せっかくの重要な要素な

のですから、数字は特に大きくすることを意識しましょう。スライドの説得力をさらに高めることができます。

また、数字だけでなく、数字と関わるキーワードも大きくすることが重要です。94ページで説明したようにキーワードが目立って重要なポイントが伝わりやすいというだけではなく、「数字と関係がある文章である」ことも強調さ

▶ 重要な数字は大きく強調すると効果的

▶ 単位は小さくしてジャンプ率を高めると数字が際立つ

▶ 数字だけではなく関係のあるキーワードも必ず強調

説得力がある印象に変化

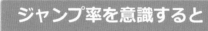

ジャンプ率を意識すると

この書籍の購入者のうち
99%の人の**スライド作成技術が向上**

ぜひ本書を**スライド作成バイブル**に！

印象的な数字を強調。さらに、その数字と関連のある部分を強調することで、その数字によって何を伝えたいのかが明確に

れるので、その数字の大切さや意味が理解しやすくなります。

ポイントは、数字の後ろにある単位を小さくすること。数字と単位のサイズ差（ジャンプ率）を大きくすることで、より数字が際立って見えます。また、見栄えという意味でのデザイン性も向上します。

なお、半角数字のフォントは日本語フォントとは別のフォントですので、何もしないままでは、文字のサイズ差があり少し小さく見えてしまいます。44ページで解説したように、まずは、フォントの設定で日本語は「メイリオ」、数字部分は「Segoe UI」の組み合わせにして文字のサイズ差を減らしましょう。その上でさらに数字を大きくすると、数字がしっかり大きくなり、見栄えが良くなります。

箇条書きがワンパターンになりがち

箇条書きは記号を使わず
スマートに表現する

 BEFORE

情報にメリハリがない

> ✕
>
> ## 何の変哲もない箇条書き
>
> - 視覚的な目立ちやすさ
>   – 重要性に応じて変える必要がある
> - コントラストを付加する場所
>   – 見出しやまとめ、重要なキーワードなど
> - コントラストを付加する手段
>   – 文字の太さ、サイズ、色、下線など
>   まずは太字にするのがベター

行頭に記号が用いられ、箇条書きの体裁に
はなっているが、行間なども均等で、情報
の強弱がないので意外と読みにくい

コツは「強調」と「グルーピング」

　箇条書きは、行頭に記号をつけて、説明したい内容をいくつかの項目に分けてわかりやすく表現することに向いています。

　記号を文章の先頭につけるだけで項目を列挙できるため手軽ですが、「頭に点がついているから、わかりやすく感じる」だけに留まってしまいがちです。実際には、大して見やすくなかったり、記号があることでかえって情報量が増

えてスマートさに欠けることも…。左の作例もメリハリに欠け、やたらと記号が多く見えます。

　それよりも、もっとわかりやすい方法があることを覚えてください。思い切って点をなくしてみましょう。「記号なしでどうやって？」と思ってしまうかもしれませんが、項目自体を目立たせることで、項目がいくつあるのかがひと目でわかるようになります。

▶ 先頭に記号をつけた箇条書きは、意外と効果的ではない

▶ 記号を用いず、「項目自体を太字や色で目立たせる」と考える

▶ 同じ項目は近づけ、異なる項目同士は少し離してグルーピング

記号は使われていないが、項目自体を強調した上で項目ごとにグルーピング。説明文のキーワードは下線で強調して見やすく

AFTER

スマートにメリハリがついた

むしろ箇条書き記号はなくてもよい

視覚的な目立ちやすさ
重要性に応じて変える必要がある

コントラストを付加する場所
見出しやまとめ、重要なキーワードなど

コントラストを付加する手段
文字の太さ、サイズ、色、下線など
まずは太字にするのがベター

やり方は簡単。文字を太字にする。文字を大きくする。さらに色を変えてもいいかもしれません。そして、さらに「項目ごとにしっかり余白をとって離す」ことも重要です。72ページで解説したグルーピングの手法を組み合わせることで、他の項目と混同しないようにすることができます。

これだけで、頭に記号をつけた箇条書き以上に、項目列挙をわかりやすく表現することができます。上の右の作例のほうが効果的な箇条書きになっているとわかるはずです。

ただし、これはスライド資料のような「情報量を凝縮して、大きく見せるような媒体」に向いている手法です。A4の文書などでは、記号を用いた箇条書きのほうがスマートです。媒体に応じて使い分けましょう。

スマートな小見出しのつけ方は？

小見出しは
できるだけ増やさない

BEFORE

並列でない小見出しが箇条書きに

> 無駄に小見出しが増えることで、情報量も多い印象に

少しおかしい？小見出し

● 小見出しのよくある作り方

　– 小見出しはよく箇条書きの記号で
　　作られていることが多いです

● その理由

　– 編集画面のデフォルトが箇条書きで
　　開始されるようになっているため

小見出しは基本1つ！

　たまに、1枚のスライドに、あれもこれも説明したくなって、何個も見出しを作っている人がいます。こういった人は意外と多いのですが、実は情報が増えてしまうのであまりオススメできません。

　スライドは何枚使っても場所を取らないので、列挙する必要がなければ、小見出しは1つに留めましょう。列挙する必要がある場合や、どう

してもスライドを分けるのが難しい場合は、KISSの法則に反しない程度、具体的には2～3つに絞るのがオススメです。

　また、内容の構造に応じて小見出しの表現を変える必要があります。例えば、作例のように、同じ小見出しにする必要がないものもあります。左の作例の「その理由」という小見出しは、「小見出しのよくある作り方」という小見出しに付

▷ 1枚のスライドにたくさんの小見出しがあると読みにくい

▷ 必要な場合を除き、1枚のスライドに1つまで

▷ 構造に応じて見出しの表現は変更するとわかりやすい

AFTER

内容に応じて小見出し表現を変更

見やすい小見出し

小見出しのよくある作り方

小見出しはよく箇条書きの記号で
作られていることが多いです

その理由
編集画面のデフォルトが箇条書きで
開始されるようになっているため

「その理由」部分を黄色い四角形オブジェクトで表現することで、上の小見出しと同列ではないことがひと目で伝わる

随している情報です。そのため、同列の要素として箇条書きで表現した見出しデザインは不適切です。この場合は、「その理由」部分を四角形のオブジェクトなどで異なるデザインの枠をつけた表現に変えると、「小見出しのよくある作り方」の配下に付随していることがわかりやすくなります。あえて文頭を揃えず、やや右にずらしていることで、同列ではないことをさら

にわかりやすくしています。

また、小見出しが1つなのに箇条書きの記号をつけても意味がわからず誤解を招くので、箇条書き用の記号も削除しておきましょう。見た目もすっきりします。

小見出しは、必要でなければ1スライドに1つ、構造上、並列か並列でないかで表現を決めると覚えておきましょう。

オブジェクトを用いた強調方法が知りたい

オブジェクトの枠線は
太くしない

BEFORE

枠線を太くするとゴテゴテする

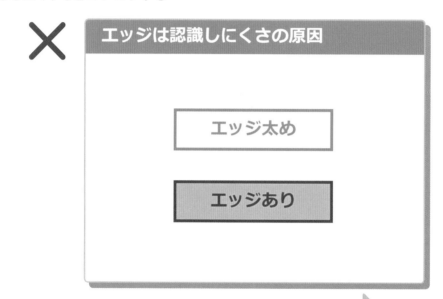

× エッジは認識しにくさの原因

エッジ太め

エッジあり

枠線が太いと、オブジェクトの中の文字を認識しにくくなる。また、オブジェクトと背景の色の差異を感じにくく、色の意味があまりない

背景色か細い枠線で目立たせる

　四角形などのオブジェクトには枠線をつけられる機能があります。枠線で文字を囲むことでの強調はやってしまいがち。ですが、これも隠された罠です。スライド資料では、オブジェクトの枠線は基本的にはなくすか、細くすることをオススメします。

　人間はものを輪郭から認識し、その次に中身を認識します。輪郭が目立っていると、中身よりもそちらに目がいってしまいます。輪郭、つまり枠線がなければ、輪郭の認識をスキップして、まず最初に中身を認識しようとします。そのため、枠線はなくすか、または細く目立たないほうが良いのです。伝えたい情報は、オブジェクト自身ではなくて、オブジェクトの中身に書いた情報なはず。内容を目立たせたいのに、枠線ばかりが目立っては本末転倒です。また、

▷ あくまでオブジェクトの「中身」を目立たせる

▷ 枠線を太くすると中身に目がいかなくなる

▷ 枠線をつけずに塗りつぶすか細い枠線にする

文字に目がいきやすく、背景の色の差異もわかりやすい

AFTER

中身を認識しやすくなる

エッジをなくそう

エッジ細め

エッジなし

ゴテゴテ感がなくなり、見た目の印象もスマートに

見た目もあまり美しくありません。

　オブジェクトを強調したい場合は、メインカラーかアクセントカラーで背景を塗りつぶすか、細い枠線をつける場合は背景に色をつけないようにすると、デザイン的にもゴテゴテ感が減り、すっきりした印象にもなります。

　なお、オブジェクトだけでなく、表も枠線がつきまといます。表の枠線もできるだけ細くし

たり、背景色を行ごとに変えたりして区分けをすると見やすくなります。見栄えとしても、枠線が細いほうがスタイリッシュな印象に見えやすいです。枠線同様、フォントについても同じことが言え、文字が細いほうがスタイリッシュに見えやすいですが、スライドで細いフォントを使うと見にくいことがありますので、メイリオ以外を使う場合は注意しましょう。

文字の形って変えてもいいの？

意味のない文字の変形や
文字間変更は避けよう

見栄えが良いのは初期設定

文字は、変形や文字間によっても読みにくくなることがあります。文字の形や文字間が異常だと、文字そのものや単語のまとまりがわかりにくくなるからです。初期設定で読みやすい状態になっているので、「目立たせたい」「文字が収まりきらない」などの理由で変形や文字間変更は行わないようにしましょう。

文字変形は「ワードアートのスタイル」の「文字の効果」で設定します。さまざまな文字のデザインを適用できるのでついやってしまいたくなりますが、文字の余計な装飾同様、ほぼすべての設定が見にくくなる原因になりますので、使わないようにしましょう。

文字間は「ホーム」にある「AV」と書いてあるボタンから設定できます。「均等割り付け」は文字揃えのボタンの隣にあります。特に意図がなければこれらも使わないようにしましょう。

通常設定の文字に比べて
縦長にしたり
円形に配置してみたり
横長にしたり
均　等　割　り　付　け　を　し　た　り
字間を意味もなくせばめたり ひろげたりするのは
読みにくくなる原因になります。

LESSON 3

作業スピードが
劇的アップ！
ベースデザインの
時短ワザ

1枚ごとにゼロからデザインを作るのは面倒

ベースデザインを 最初に決めると効率が良い

オリジナルテンプレを作成→登録＝手間が省ける！

「LESSON 2までの解説を読んだものの、いちいち1枚1枚のスライドをデザインするなんて面倒だなあ…」と、そんなふうに思っている人は安心してください。PowerPointには、全体のデザインを自分で作って、登録しておける機能があります。

PowerPointにはさまざまなテンプレートが登録されているので、それを使うという人も多いと思いますが、資料の内容やイメージに合わないデザインも多いですし、本書で推奨している「見やすいデザイン」に合致するとも限りません。オリジナルのテンプレートを作って登録することがオススメです。一度登録すれば、常に共通のデザインを使うことができ、あとは内容を入れ込んで調整するだけ。1枚1枚ゼロからデザインする必要がなくなるので、デザインがスライドごとにぶれることもなくなります。また、作業効率もアップします。

全部ゼロから作るのは非効率

登録しておけば同じデザインで作れる

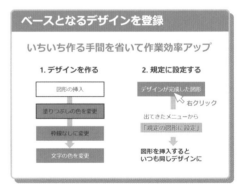

図形を挿入し、塗りつぶしや文字の色、枠線などのデザインを決定。その後、図形を右クリックして規定の図形に設定しましょう。

▶ 資料全体で共通して使うデザインを登録しよう

▶ 1ページずつゼロから作るよりラクでスピードもアップ！

▶ よく使うパーツを集めたパーツシートを作ってコピペするとミスも減る

コピペして使える「パーツシート」があれば作業が捗る

さらに、自分で決めたデザインルールをパーツ化して、パーツシートとしてまとめておくとさらに便利です。このひと手間で見た目も制作スピードも格段に改善します。先にパーツの装飾を決めておくと、コピーして使い回しやすくなりますし、装飾のミスも減ります。下の作例は最低限のルールを1枚に詰めたものです。自分が資料でよく使うデザインパターンが出てき

たときは自作パーツを作っておくと、さらに作業が捗ります。

また、他人に資料を作ってもらう際にも、デザインの品質が保ちやすくなるメリットもあります。例えば、Aさんが作った資料とBさんのものではクオリティが全然違う、という事態を防ぐことができます。

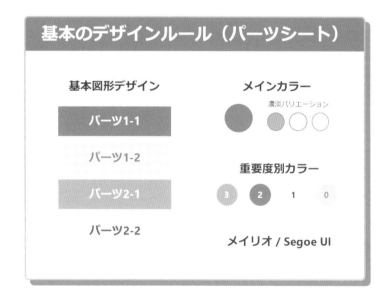

スライド全体のベースデザインはどこで設定するの？

「スライドマスター」を使って 全スライドに共通ルールを反映

背景や色、フォントなどをあらかじめ設定

　全体のデザインは、通常のスライド編集画面とは異なり「スライドマスター」という機能を使って設定します。「スライドマスター」とは、背景、色、フォント、サイズ、位置などをあらかじめ設定しておけるデザイン設計図のようなスライドです。ここでは、自分で決めたスライド全体の共通ルールを登録することができます。この機能を使えば、例えばスライドごとに毎度タイトルや見出しのフォントやサイズ、色を設定する手間が省けます。

　やり方は簡単です。「表示」タブにある「スライドマスター」をクリックすると、あまり見慣れない画面、「スライドマスター」が開かれます。この画面でデザインを決めると、すべてのスライドにデザインが適用されます。

　資料を作っていくうちに「見出しの色を変更したい」など全体のデザインを変更したくなった場合も、スライドマスター画面を開いてデザインを編集すれば、すべてのデザインに適用されるので非常に便利です。

スライドマスターを開いて編集しよう

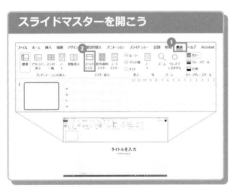

▶ 背景、色、フォント、サイズなどのデザインの設計図をスライドマスターに登録！

▶ 親マスターに登録すると全スライドにデザインが適用される

▶ 子マスターに登録すると個別のスライドにデザインが適用される

親マスターと子マスターを使いこなそう

さて、ここからは「スライドマスター」の仕組みについて簡単に紹介したいと思います。スライドマスターでは、「各スライドには常に会社ロゴを表示させたい」「全ページの背景やページ見出しの色などを統一したい」「ページ番号の位置を変えたい」「スライドにデザインテーマを設定したい」など、全スライドに影響が及ぶような設定や、複数のスライドで繰り返し使う設定を行いたい場合に便利です。例えば本書の作例では見出し部分に赤や青の帯を表示していますが、これもスライドマスター上にこのデザインを登録しています。そのためスライドを作成するたびにこの帯を作成する必要はありません。また、53ページで紹介したフォントの設定方法や、82ページで紹介した色の設定方法もこのスライドマスターを使っています。そのため、全スライドに適用されます。

まず、スライドマスターを開くと、画面左側に「親マスター」(大きく表示されているスライド)と、親マスターにぶら下がった「子マスター」(やや小さく表示されているスライド)の一覧が並んでいます。資料全体に影響する設定は親マスター、表紙やタイトルのみなど個別のレイアウトの設定は子マスターで行います。

例えば親マスターに「会社ロゴ」を入れ込むと、全ページのスライドに会社ロゴが表示されます。一方、特定の子マスターに何か入れた場合、そのレイアウトを使ったスライドには常に表示されますが、他の子マスターや親マスターには影響しません。用途に応じて使い分けましょう。

スライドマスターでの作業が終了したら、スライドマスターを閉じると通常の編集モードに切り替わります。

スライドマスター画面の左側のスライド一覧に注目！

スライド一覧
親マスター
子マスター

マスター タイトルの書式設定

• マスター テキストの書式設定
  • 第 2 レベル
    • 第 3 レベル
      • 第 4 レベル
        • 第 5 レベル

※正式名称は、親マスター＝スライドマスター、子マスター＝レイアウトマスター。
本書ではわかりやすいよう独自の呼称で紹介しています。

スライドのサイズは何にすればいい？

スライドの比率は
用途ごとに適切にチョイス

必ずしも16：9が良いわけではない

　まず、スライドの大きさを決めておきましょう。近年、モニターやスクリーンは16：9が主流で、PowerPointも初期設定は16：9です。しかし、投影設備を買い替えてない施設もあり、プリント配布を行う場面もあるため、一概に16：9が良いとは限りません。4：3から16：9への移り変わりは2010年頃と言われており、2010年以前に作られた施設でプレゼンを行う場合は4：3のほうがおすすめです。プリントするときも、A4の比率に近いのは4：3なので、印刷して配布するときも4：3で作るのがおすすめです。また、16：9は横長なため、視線移動の距離が長くなりやすいため、レイアウトには気をつけましょう。

　スライドの比率の設定方法は右図を参照してください。スライドの拡大縮小に関して「最大化」か「サイズに合わせて調整」を聞かれますが、どちらでも良いです。今回は「最大化」にしておきましょう。

16：9から4：3に変更するには

16:9を4:3に変更①

16:9を4:3に変更②

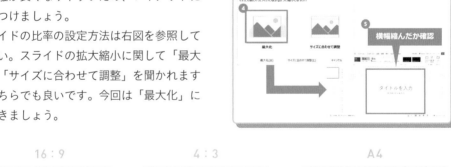

16：9

254mm×142.9mm

4：3

254mm×190.5mm

A4

297mm×210mm

まずは何から設定する？

配色とフォントは
事前に設定しておこう

配色を設定する

配色は「配色」→「色のカスタマイズ」の順にクリックし、「テーマの新しい配色パターンを作成」という画面で設定します。「ベースカラー」「メインカラー」「アクセントカラー」の3色を登録します。詳細は、LESSON 2の82ページを参照しましょう。

この5つを設定すると覚えておこう

フォントを設定する

フォントは、「フォント」→「フォントのカスタマイズ」の順にクリックし、「新しいテーマのフォントパターンの作成」という画面で設定します。

LESSON 2の内容を覚えていますか？ 本書では日本語に「メイリオ」、英文に「Segoe UI」を使うことを推奨していますので、例のように上2つをSegoe UIに、下2つをメイリオに設定します。最後に、好きな名前を付けて、「保存」をクリックしましょう。これでこのフォントの設定が登録され、毎回フォントを変える必要がなくなりました。

フォントの設定方法

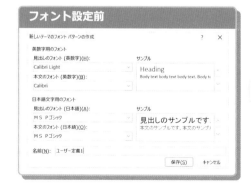

英数字のフォントとしてSegoe UI、日本語文字用のフォントとしてメイリオを設定。見出し、本文の両方に設定します

見出し周りのデザイン簡単設定①

シンプルな帯付きの
見出しデザインを作る

SAMPLE_1

> 帯にしたい部分をスライドの上端と左右両端にくっつけよう

見出し部分の位置と色を調整するだけ

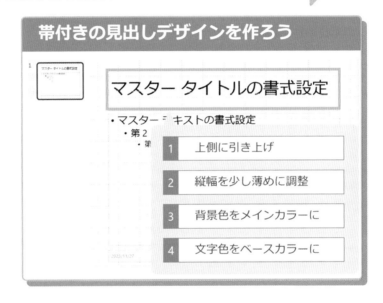

スライド全体のデザインを印象付ける

　見出しのデザインは、スライドの全ページにわたって一番目立つ部分に登場するので、全体の印象を左右します。スライドマスターを使ってあらかじめデザインを決めておきましょう。この部分はスライドのテーマを示す部分なので、メインカラー（テーマとなる色）を使うことがオススメです。

　何もしない状態では、真っ白な背景に黒い文字があるだけですが、今回は本書の作例と同じ、メインカラーを使ったシンプルな帯付きのスライドデザインにしてみます。

　スライドマスターの編集画面の左側に、「1」というスライドがあるので、まずはこれを選択して、編集していきます。

　まず、「マスタータイトルの書式設定」とある部分を選択し、スライド上端と左右両端にぴ

▷ 「マスタータイトルの書式設定」部分をスライド上端と左右両端にくっつける

▷ 帯の縦幅が太くなりすぎないよう、少し狭めに調整する

▷ 帯の背景色をメインカラーに、文字色をベースカラーにする

帯付きの見出しデザインが完成

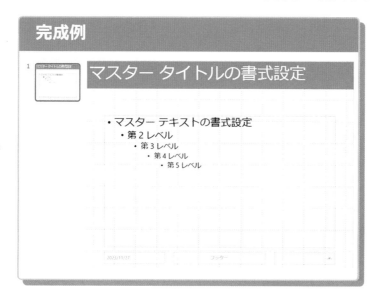

ったりくっつけるように配置します。さらに、そのままだと帯が太くなりすぎるので、縦幅を少し狭めに調整します。

　その後、その部分の背景色をメインカラー（本書では青）、文字色をメインカラーに合わせて白か黒（本書では白）にします。背景色は、「マスタータイトルの書式設定」部分を選択した状態で、右クリック→「図形の書式設定」をクリ

ックし、「図形のオプション」画面で「塗りつぶし」を選択して色を変更できます。文字色は、文字全体を選択した状態で右クリックし、表示される文字設定のウィンドウで「フォントの色」を選択すれば変更できます。

　すると、完成例のように、帯付きの見出しデザインが完成しました。後で色を変えたい場合は、スライドマスターで色を変えます。

見出し周りのデザイン簡単設定②

インデントを調整して
見出しにゆとりを作ろう

BEFORE

全体的に窮屈

インデント無調整

インデントを空けないと
狭すぎて窮屈に見える。
見出しだけでなく
図形内のテキストも同様。

初期設定だとインデントが狭すぎる

見出し文字の開始位置を少し右へ動かす

　帯をデザインしても、このままでは帯の中の文字が左に寄りすぎて見えます。そこで、インデント（文字の開始位置）を調整します。設定の仕方はさまざまありますが、今回は直感的に操作できる方法を紹介します。

　まず、「表示」タブで「ルーラー」にチェックを入れます。すると、編集画面上部に目盛りのあるモノサシのようなものが出てきます。こ

れがルーラーです。

　帯内の文字をクリックすると、ルーラーに砂時計のようなマークが表示されます。その砂時計の下にある四角形をクリックしたままドラッグすると、文字開始位置を直感的に移動できます。今回はルーラーの目盛1に相当する部分まで移動させました。文字の左側に余裕ができ、調整前よりも少しゆとりが生まれます。

▷ 何もしないと見出しの文字が左に寄りすぎてバランスが悪い

▷ ルーラーを表示させると直感的に操作できる

▷ ルーラーの目盛１つ分文字開始位置を移動させるとゆとりが生まれる

AFTER

文字の左側が少し空いて窮屈感が解消

ゆとりが生まれて見やすい

インデント調整済み

インデントを空けないと
狭すぎて窮屈に見える。
見出しだけでなく
図形内のテキストも同様。

ルーラーの目盛を基準に動かそう

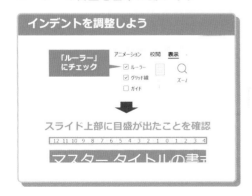

インデントを調整しよう

「ルーラー」にチェック

アニメーション　校閲　**表示**
☑ ルーラー
☑ グリッド線　　　ズーム
□ ガイド

スライド上部に目盛が出たことを確認

12 11 10 9 8 7 6 5 4 3 2 1 0 1 2 3 4

マスター タイトルの書式

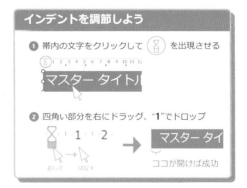

インデントを調節しよう

① 帯内の文字をクリックして 🔾 を出現させる

1 2 3 4 5 6 7 8 9 10 11 12

マスター タイトル

② 四角い部分を右にドラッグ、"**1**"でドロップ

1 　 2

おして　はなす

マスター タイ

ココが開けば成功

117

スライド番号が人の頭で隠れてしまう

スライド番号は見やすい位置に

視認性が悪すぎる

×

ページ番号 無調整

小さすぎてパッと見で
はほぼ気がつかない

小さくて全然見えないし
下の位置だと頭で隠れて
最後まで見えないことも

1

見出しの右横に配置しよう

　スライド番号は、初期設定のままだと、サイズが小さくて見にくいです。また、位置もスライドの右下にあるので、プレゼンを行う場合、人の頭で隠れやすいです。右下は、一番最後に目線がいくところなので、プレゼンの終わりに、「スライドの何番について質問したい」と質問する際などにも番号が探しにくいというデメリットがあります。この問題を解消しましょう。

　設定方法は、まずは右下に＜＃＞というテキストボックスがあるので、これを選択し、見出しの帯の右端に移動します。このままでは文字が小さすぎるので、フォントサイズを大きくして（作例では44pt）、太字にし、遠くからでもはっきり見えるようにしましょう。すると、後からスライドを見返す際などにも必要なページを探しやすくなります。

▷ 初期設定ではスライドの右下にあってサイズも小さいので見にくい

▷ 見出し文字の右横に配置しよう

▷ 遠くからでも見やすいようフォントサイズを大きく（44pt程度）、太字にしよう

AFTER

見やすくて便利

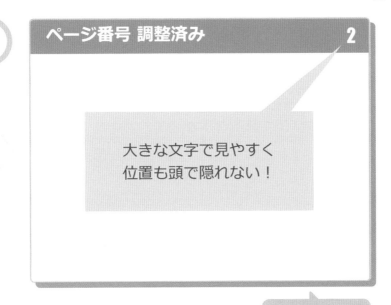

目がいく位置に視認性の高い太字で配置しよう

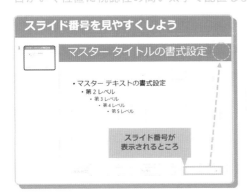

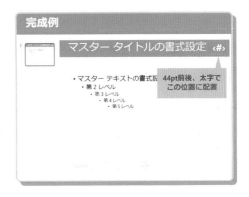

箇条書きスペースを広げて
見やすくする

 BEFORE

> 文字スペースの位置が
> 下がりすぎな上、変な
> 空きがある

スペースや空きのバランスが悪い

× **箇条書きスペース無調整**

スペースを上に広げていないと

- やけにテキストが下がっている
- スライド上部に中途半端な空きがある
- スペースがもったいない

> 下に図形を配置する場合は
> 窮屈になってしまうことも

箇条書きのテキストボックスを上に広げる

これまでのページで、見出し部分の帯を上に寄せたため、本文を入れる箇条書きテキストボックスがやけに下がって見えます。帯との間に中途半端なスペースが空いていると見栄えが悪い上に、スペースがもったいないです。箇条書きをする際は、スペースが広いほうがグルーピングなどが行いやすく見やすいので、あらかじめ広げておきましょう。

やり方は、箇条書きテキストボックスを選択して、少し上に引き伸ばします。初期設定ではフォントサイズが少し小さめなので、文字をすべて選択して、文字設定ウィンドウを表示し、「フォントサイズ拡大」をカチカチと押して、2～3段階大きめに調整してください。

これでスライドのオリジナル基本テンプレートデザインが完成です！

▶ 初期設定より広いほうが見やすく、編集もしやすい

▶ 箇条書きテキストボックスを少し上に引き伸ばしてスペースを広げる

▶ 「フォントサイズ拡大」機能で 2 ～ 3 段階文字を大きくする

文字スペースが広がり、バランスの悪さや余計な空きが解消された

AFTER

見やすく、編集もしやすい

箇条書きスペース調整済み

スペースを上に広げていないと

- やけにテキストが下がっている
- スライド上部に中途半端な空きがある
- スペースがもったいない

下に図形を配置する場合は
窮屈になってしまうことも

箇条書きスペースの調整方法

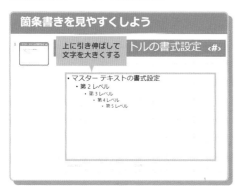

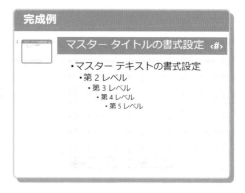

049

ベース

タイトルスライドはどうすればいい？

シンプルな
タイトルスライドを作ろう

SAMPLE_1

インデントや背景色を調整する

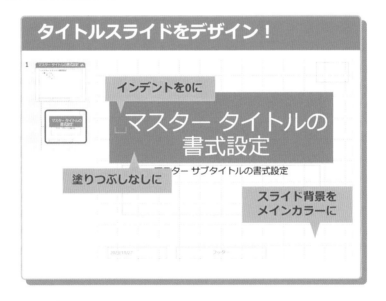

LESSON 3 ┊ ベース

メインカラー1色でシンプルに

　ここでは、背景がメインカラー1色の、シンプルなタイトルスライドを作成します。ここまでの作業で編集した「1」のスライドのすぐ下に、「タイトルスライドレイアウト」というスライドがあります。タイトルスライドは、これを選択して編集していきます。すでに、ここまでの作業で作った全体のデザインがこのスライドにも適用されているので、それをベースに、

タイトルスライドだけ個別に設定を変えるという作業になります。

　まず、「マスタータイトルの書式設定」内の文字を選択し、インデントをルーラーの0の位置まで（ルーラーには0とは書いておりませんが）戻しましょう。次に、「マスタータイトルの書式設定」の背景色を「塗りつぶしなし」にします。

▶ 「タイトルスライドレイアウト」でタイトルスライドを作る

▶ インデントを調整し、背景をメインカラーに塗りつぶす

▶ 作業完了後、スライドマスターを閉じるとスライドのデザインが変更されている

メインカラー基調のデザインが完成

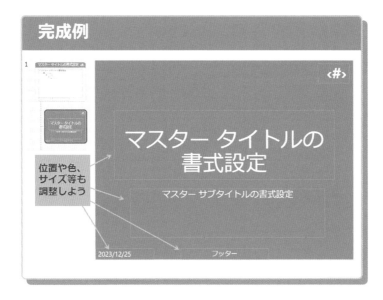

最後に、スライド自体の背景色をメインカラーにします。まずは「スライドマスター」タブの「背景のスタイル」をクリックし、「背景の書式設定」をクリックすると、「背景の書式設定」が表示されます。ここで、「塗りつぶし（単色）」を選択し、メインカラーを選択すると、背景色がメインカラーに変わります。

仕上げに、他の部分の文字色や大きさ、位置などを調整すればシンプルなタイトルスライドが完成です。

これでデザインの基本形ができましたので、スライドマスターを閉じて、いつもの編集画面に戻り、スライドのデザインが変わっているか確認しましょう。「スライドマスター」タブの「マスター表示を閉じる」をクリックすると、通常の編集画面に戻ります。

ベースデザインのコツ

PowerPointに元々ある テンプレートは使えるの？

余計な装飾が多いので避けよう

　PowerPointに元々登録されているテンプレートは基本的に使えないと思ってください。デッドスペースがあったり、無駄な模様が内容を邪魔したり、変なところが目立っていたりと、見やすい資料を作る上での問題が多くあります。コーポレートカラー（会社のイメージ）などもアピールしにくくなります。また、デザインが凝っているものが多いため、背景に目立つ模様やデザインが施されていることで、スライド内容を見にくくする場合があります。

　人間は何かモノがあると、意識せずともそれを認識してしまいます。「テレビが故障して画面端が変色していたら」「中古本のページの端に染みがあったら」などの場面を想像してみてください。いくら素晴らしい内容であっても気がそれてしまうと思います。

　最近は、一見シンプルでおしゃれなテンプレートも増えましたが、いざ使おうとするとなんとなく洗練された印象であるだけのもの、余白が多すぎるもの、レイアウトがいびつなもの、自分の意図通りでないもの、謎のマークやコンテンツを圧迫する位置にタイトルがあるなど意味不明なデザインのものも多いです。このように、既存テンプレートは見た目は綺麗でも、そういった「染み」が隠れています。

　私は気の散る要因が隠れているかもしれない既成デザインを使うよりは、白地のスライドを使って自分で作るほうが、スライドを見る人に親切だと考えています。

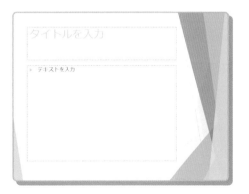

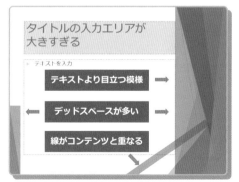

LESSON 4

資料の見栄えが
良くなる！
表現の
テクニック

キーワードにインパクトを出したい

「おいおい大丈夫か？」 というくらい極端に大きくする

何の変哲もないスライド

効果的な文章装飾テクニック

文章の装飾の仕方ひとつで
インパクトを与えることができ、
長い文章があったとしても
キーワードが伝わりやすくなる。

極端な大きさ＋創英角ゴシックでインパクト大！

強く伝えたいメッセージやキーワードがある場合は、ちょっとした強調表現ではなく、大きなインパクトを与える表現を使ってみましょう。やることは、「キーワードを極端に大きく、書体を創英角ゴシック体にする」。たったこれだけです。

まずは伝えたいキーワードを決めます。そのキーワードをとにかく大きくしてみましょう。

ちょっと大きくして強調したという大きさでは中途半端でインパクトが生まれません。作っている自分が「うわっ！大きいな」と感じるくらいが十分な大きさです。文字量やスライドのサイズにもよりますが、フォントサイズが80pt以上あると、強いインパクトが生まれます。

さらに、キーワードのフォントを「創英角ゴシック体」に変更しましょう。46ページで、「と

▶ 極端にキーワードを大きくしてインパクトを出す

▶ 創英角ゴシック体にしてさらにインパクトを強める

▶ メッセージ性の強いスライドでの表現に向いている

強い主張を感じるスライドに変身

効果的な文章装飾テクニック

文章の装飾の仕方ひとつで

インパクト を与えることができ、

長い文章があったとしても

キーワード が伝わりやすくなる。

2つのキーワードを極端に大きくし、太く際立つフォントに変更した。たったこれだけで強いメッセージ性のあるスライドに変化した

にかく人目についてほしい言葉」を表現する際に効果的なフォントだと紹介していますが、まさにとにかくインパクトを出したいというシーンに向いています。本来は、さらに太字にして強調したくなると思いますが、このフォントは太字非対応ですし、もともと太いフォントですので、そのまま使用すれば十分です。作例のように背景の色をアクセントカラーにすると、さ

らに強調できます。

今回のような見せ方は、メッセージ性の強いスライドには最適です。会社説明などであれば代表からの言葉や社訓、また何かの企画提案であれば、認識すべき現状やキャッチコピー、これだけは覚えてほしいこと、ユーザーの声などの表現に向いています。ここぞというシーンで使うと、力強さを与えることができます。

文章だらけのスライドを卒業したい

まずは作図の
基本パターンを知る

BEFORE

図の意味がない

作図が不十分な例

顧客へのアプローチ

弊社ウェブサイト上で
お客様が商品をクリックすると
弊社システムがその商品と一緒に売れた
商品を解析して
お客様に提案することで、
販売促進につながります！

商品解析 → 関連商品

弊社システム

> 文章を読まなくては何を伝えたいのかわからず、図の意味をなしていない。図だけでは何を説明しているのかもわかりにくい

ちょっと待って！その文章、図にできませんか？

　LESSON 1でも述べたように、伝わる資料とは視覚表現が多い資料です。しかし現実には、長い文章を貼り付けただけのスライドが世の中にはびこっています。物事をシンプルかつ正確に伝えるには作図することが一番です。図にすることで余計な情報（文章）を削ぎ落とせるので、文章での説明よりもわかりやすくなり、視覚的なインパクトも与えることができます。

　作図というのは「センスが必要なのでは」と思われがちですが、基本のひな型がたくさんあるので、その中から選ぶだけでOKです。

　頻繁に使用するのは「四角形」「囲み」「円」「矢印」「吹き出し」「フローチャート」「写真」「グラフ」「表」などです。これらのひな型は、どんなシーンでどんなふうに使ってもいいわけではなく、目的に応じて使い分けることで、効果的

▶ 図にすると文字情報を減らせてわかりやすさがアップ

▶ 図を使った表現は視覚的なインパクトを与えやすい

▶ 基本パターンの組み合わせと配置のテクニックで直感的にわかるスライドを作る

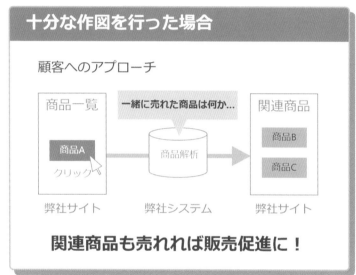

な表現が可能です。まずはこの基本形を覚え、次のページからの用途に応じた使い方を覚えればOKです。

ただし、左の作例のように、添え物のように作図を入れて結局文章で説明してしまっては、直感的に内容を理解できないため意味がありません。比べて右の作例は、自社のサービスを導入すると、何をどのように、どんなフローで、

どんな効果が得られるのかを図で解説しています。文字は各要素のキーワードだけにして、四角形や円で表現して配置し、あとは吹き出しを加えたり、フローをわかりやすく説明するために矢印を加えたりしています。このように、配置のテクニックを使いながら、内容に合わせて作図を組み合わせていくことでパッと見て理解できるスライドを作ることができます。

四角形をうまく使うには？

「四角形」に文字を入れて認識させる

要素をただ並べただけ

通常

社名：PPTスライドデザイン株式会社

代表：森重　湧太

資本金：100,000,000円

所在地：東京都○○区スライドタワー10階

情報としては整理されているが、情報が頭に入ってこず、なんとなく手抜き感も

四角形にテキストを入れるだけでわかりやすくなる！

会社情報などは、社名、創立、役員、資本金、従業員数、住所…と項目がたくさんあります。これらの項目について見せる場合、一覧性確保のため、できれば1つのスライドにまとめたいところです。この場合はいくらKISSの法則を守るといっても、分割して書くのは良くありません。しかし、テキストだけで見せてしまうと、それぞれの要素が認識しにくくなってしまいま

す。この場合、多くの要素をいかに見やすくするかが重要です。

複数の項目とその内容、それぞれを認識しやすくする方法は「四角形2個並べ」です。まず、四角形を2つ横に並べて、左に項目名、右には項目に対応する内容を入れます。四角形の背景色は、項目名のほうはメインカラー、内容のほうは白や薄いグレーなどにします。このセット

▶ 複数項目を一覧で見せる場合は、四角形に要素を入れる

▶ 四角形に文字を入れると、文字のみよりも情報が認識しやすくなる

▶ 角丸は印象を和らげられるが、やりすぎに注意

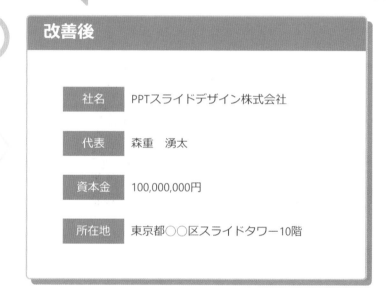

四角形で囲んで色をつけただけなのに、情報が認識しやすい。

AFTER

1つ1つが認識しやすい

改善後

社名	PPTスライドデザイン株式会社
代表	森重　湧太
資本金	100,000,000円
所在地	東京都○○区スライドタワー10階

を、残りの項目分、コピー&ペーストして縦に並べて、文字を入力していくだけです。

すると、文字だけで項目を列挙するよりも、四角形を作って書き込むだけで、要素1つ1つの存在が際立ち、内容との結びつきも可視化されて明確になります。

四角形2個並べを簡略化し、項目名のみ四角形で囲む方法もあります。こちらも見やすくな

ります。

四角形は、角を丸めた角丸四角形などを使うと、真面目な印象を和らげることができます。ただし、角の丸みを丸くしすぎると、ビジネスシーンには向かなくなることも。場面に応じて使い分けるようにしましょう。角丸四角形の使い方については、153ページでも詳しく解説しています。

囲みは写真や図の「ピンポイント説明」で使う

この写真で何を伝えたいのかわかりにくい

パッと見では被写体が何なのかわかりにくく、ごちゃごちゃしている

写真をピンポイントで説明｜改善前

ベトナムでは生姜をドライフルーツのようにしたものをたくさん売っている

写真と文章の関連性がわかりにくく、文章と写真をよく見ないと言いたいことがわからないため、写真を活かせていない

ピンポイントで説明できる

図形の枠線を用いた「囲み」による強調テクニックは、基本的には、本書ではあまりオススメしません。それは囲み自体が主張してしまい、ごちゃごちゃした印象になりやすいからです（104ページ参照）。

しかし、写真などで見てほしい部分をピンポイントで説明するには最適です。そもそも、写真はさまざまな色や形が混在している図なので、

うまく使わないと効果を発揮しません。そのようなどこを見ていいのかわからない写真でも、見てほしいポイントを囲むことで、見る人の視線をそこに誘導し、どこに注目すべきかをわかりやすくピンポイントで示すことができます。

上の作例を見てください。囲みなしの場合、写真に写っている被写体の数が多いので、パッと見では、どこを見るべきなのかわかりません。

▶ 囲むことで、情報が詰まった写真のポイントを明確にできる

▶ 円や四角形などのシンプルな図形を使う

▶ 写真から浮き立つ色にしてなるべく目立たせる

AFTER

文章で説明している部分を丸で囲むことで、視線がそこにいくようになった

写真の見るべきポイントが明確に

写真をピンポイントで説明｜改善後

ベトナムでは生姜をドライフルーツのように
したものをたくさん売っている

写真と文章の関連性が明確になったことで、写真が効果的に作用し、内容が理解しやすい

写真の説明文には「生姜をドライフルーツのように売っている」とありますが、それが写真のどこを指しているのか、目を凝らして写真を見る必要があります。ごちゃごちゃとたくさんの物が写っている写真なので、プレゼン終了までわからないままの人もいるかもしれません。しかし、注目してほしい部分に囲みをつけると、自然とそこに目がいくので、説明文が写真のどの部分を説明しているのか、ひと目でわかるようになります。

なお、囲みに使う図形は、円や四角形などのシンプルなものが無難でしょう。星マークなど、凝った図形は写真を邪魔するので特に必要性がなければ控えましょう。囲みが写真に溶け込んでしまっては意味がないので、なるべく写真の中で目立つ色にしましょう。

写真や図を強調する
4つの手法

1.トリミングして拡大

元画像をコピーして、注目すべきところだけをトリミングし拡大します。

作例のようにどこを拡大しているのかわかるように囲みや補助線を併用しても良いでしょう。

2.大事なところ以外は半透明

強調しなくて良いところを目立たなくすることで、強調したいところが相対的に目立って見える方法です。元画像の「図の書式設定」にある透明度を調節して半透明にしましょう。強調部分は、1の「トリミングして拡大」と同様に、半透明にする前の元画像をコピーして強調部分だけをトリミングし、半透明にした元画像の前面に重ねるだけです。

3. クローズアップ

　そもそも全体像を画面に映す必要がなかったり、一部分から全体像を想像できたりする場合はこの方法もおすすめです。不要な部分はトリミングしてカット、強調したいところの周辺だけを大きく表示します。デザインの操作も簡単で、シンプルな強調方法です。

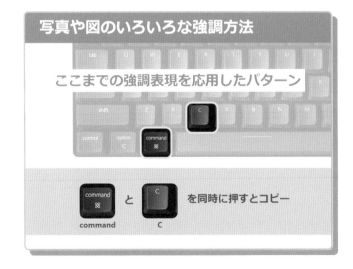

4.3つの強調合わせワザ

　ここまで紹介した強調方法を複合させて作ったパターンです。補助線を使わず、説明部と囲みの色を同一にすることでグループを視覚化しています。元画像も余白いっぱいに表示させ全体像をより意識させつつ、強調部分はしっかり目立たせるパターンです。

円を効果的に使う見せ方は？

箇条書きの番号は「円」を自作する

BEFORE

通常の丸付き数字だとメリハリがない

通常の番号付き箇条書き

① まずこれをやります

② つぎにこれをやります

③ 最後にこれをやります

番号の内容とテキストに差がなく、番号に目がいかない

「手抜き感」をなくしてさらに見やすく！

　PowerPointは、「ホーム」タブにある「段落番号」というところを押せば、番号のついた箇条書きを瞬時に作ることができます。忙しいときはこれでも構いませんが、通常の箇条書きの番号では、見た目もやや味気ない印象ですし、番号にあまり目がいかず、わざわざ番号をふる効果がないように見えます。

　より整った印象を与えるには、円を使って自作することがオススメです。

　作り方は、円を1つ作って縦にコピーするだけです。コピーの仕方は「Ctrl+Shift+縦にドラッグ」です。作った円は、配置機能（71ページ）を使って等間隔に並べておきましょう。コピーできたら、円の中に数字を打ち込むだけでOKです。円の背景はメインカラー、文字は白か黒の見やすいほうを選ぶと、デザインの見

▶ 番号の円を自作するひと手間で印象アップ！

▶ 円を作ってその中央に数字を配置しよう

▶ 円と数字、番号とテキストの位置を揃えよう

AFTER

番号が見やすく見た目も良い！

円で番号をつけると

① まずこれをやります

② つぎにこれをやります

③ 最後にこれをやります

番号が強調され、目がいくように。1から3
までの順序があることも伝わりやすくなる

栄えとしてもまとよりやすく、視認性も確保で
きます。

　この際、番号と円がずれていると美しくない
ので、必ず円の中央に番号を配置しましょう。
あとは、箇条書きのテキストを横に添えるだけ
です。これも配置機能を使えば瞬時にきれいに
配置できます。また、円の番号部分と、横のテ
キストの上下がずれていると美しくありません

ので、中央で揃えるようにしましょう。
　また、数字は必ず半角数字を使い、円の中に
しっかり数字が収まる大きさに調整しましょう。
数字以外に「Q」や「A」で作成すると、Q&A
形式のスライドを作ることもできるので、応用
としてぜひ使ってみてください。
　このひと手間で、手抜き感がさっぱり消えて
なくなります。

手順をすっきり見せるには？

矢印は複数使わず
1つで見せる

BEFORE

矢印の数が多く煩雑な印象

> 狭いスペースに矢印が
> たくさんあって窮屈&
> ごちゃごちゃな印象に

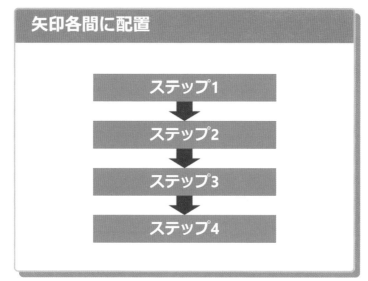

矢印各間に配置

ステップ1

ステップ2

ステップ3

ステップ4

矢印と四角形で手順をわかりやすくする！

　手順などを解説する際、1つ1つの手順の間に矢印を1つずつ差し込む人も多いでしょう。しかし、それでは1つ1つの矢印が窮屈な印象に見えますし、矢印先端の三角形の部分の存在感が目立って、煩雑な印象です。

　ここで見せたいのは手順の流れなので、すべての手順間に矢印を配置する必要はありません。手順全体を貫くように1つの矢印を差し込むと、すっきりと見やすくなり、かつ全体の流れがわかりやすくなります。

　矢印は「線」の矢印ではなく、「ブロック矢印」を使ってください。今回の作例では、ブロック矢印の「下矢印」という図形を使用しています。線の矢印は細く、先端部分が見えにくいので、矢印の向きがわかりにくいです。なるべく使わないようにしましょう。

▶ 複数の手順に1本の矢印を差し込む

▶ 線の矢印ではなくブロック矢印を使う

▶ ブロック矢印の先端は、手順間のちょうど半分のサイズに

AFTER

1つの矢印で貫くとスマート！

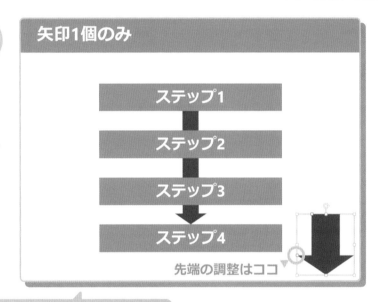

矢印1個のみ

ステップ1

ステップ2

ステップ3

ステップ4

先端の調整はココ

矢印の数が減ることですっきりした印象に。
手順全体の流れがわかりやすくなる

　操作のポイントとしては、各手順を示す四角形を縦に並べて整列した後、矢印を一番上の四角形からスタートして、一番下の四角形の上端に先端がつくように配置します。次に、矢印の先端部分が見えるように、先端の三角部分の大きさを調整します。先端の横付近に小さな黄色の点がありますので、これを動かして調整します。先端の三角の大きさは、各手順間の余白のちょうど半分のサイズにするときれいに見えます。最後に、矢印を右クリックして、「最背面へ移動」をすれば完成です。

　矢印の色は、特に注目させる必要がなければ、手順の要素より目立つとごちゃごちゃしてしまうので、ベースカラーなどの目立たない色や、メインカラーを淡くした色がすっきりと見えて好ましいでしょう。

注釈には「正方形／長方形」の吹き出しを使う

ひと目では注釈を見つけられない

注釈の位置が離れているため、すぐに説明内容を理解できず、不親切。この手法は本や書類のためのものなのでスライドには不向き

吹き出しなし

経営目的

当社は見やすいスライド※をお客様に
提供することにより、会議や理解の時間を
短縮することで企業の生産性を向上させる
ことを目的としています

※話さなくても、誤解なく確実に
伝わるよう設計されたスライド

注釈によって文字が増えてしまい、文字だらけな印象に

注釈は四角形の吹き出しを使おう

多くの方は、コメントや注釈を「※」マークを使って、空いたスペースに説明を書く傾向があります。しかし、この※マークを使った手法は本来は本や書類などのためのもの。瞬時に内容を理解してもらう必要のあるスライドでは、見る人にひと手間かけることになるので不向きです。また、文字量が増えた印象も与えます。こういった場合、可能な限り吹き出しを使いま

しょう。吹き出しで視覚的にスペースを分けることで、瞬時に補足的な説明だということが理解できるようになりますし、文字が多い印象も軽減できます。

ただし、PowerPointにはあらかじめ「吹き出し」という図形がありますが、これはオススメできません。思ったように吹き出しの先端位置を調整できず、見た目もあまり良くないから

▶ 注釈は※マークより吹き出しを使ったほうが見やすい

▶ 四角形に小さめの三角形をつけて吹き出しを自作する

▶ 「正方形／長方形」の吹き出しは淡々とした説明的な印象になる

AFTER

ひと目で注釈の意図を理解できる

吹き出しで注釈を加えたことで、説明
したい内容が瞬時にわかるようになる

吹き出し「正方形／長方形」

経営目的　話さなくても、誤解なく確実に
伝わるよう設計されたスライド

当社は<u>見やすいスライド</u>をお客様に
提供することにより、会議や理解の時間を
短縮することで企業の生産性を向上させる
ことを目的としています

吹き出しの図形が加わ
ったことで、文字が多
い印象が軽減された

です。吹き出しの先端部分は「三角形」で個別に作ると自分で大きさや位置を自由に調整できます。三角形はあまり大きくせず、小さめにするとバランス良くまとまりやすいです。その際、三角形と四角形をグループ化すると、移動や色変更が一括でできるので便利です。グループ化したい図形を選択した状態で右クリックし「グループ化」をクリックする（またはCtrl＋G）

と行えます。吹き出しの枠線はなしにするとすっきりときれいに見えます。

吹き出しの四角形は「正方形／長方形」と「角丸四角形」の２種類があります。前者は淡々とした説明的なイメージに、後者はセリフのような印象になります。注釈のような補足的な説明に使用する場合は「正方形／長方形」がオススメです。

吹き出しの使い方②

「ユーザーの声」は「角丸四角形」の吹き出しで演出する

リアリティが感じられない

吹き出しなし

ユーザーの声

Aさん 「本当に使い心地がいいです！
　　　もう1年ほど愛用しています！」

Bさん 「高いなと思ったんですが、
　　　買って良かったと思います！」

Aさん、Bさんのそれぞれのコメントとして
掲載されているが、テキストだけではあまり
人の存在を感じず、リアリティがない印象に

セリフ調にしてリアリティを演出！

　プレゼンなどで、ユーザーの声などを使ってリアリティを出したり説得力をもたせたりする手法はよく使われます。しかし、左の作例のように、ただテキストでそのまま掲載しただけでは、あまりリアリティが感じられません。こういった場合は、「角丸四角形」の吹き出しを使いましょう。

　角丸四角形の吹き出しは、セリフのようなイメージ、人が話しているイメージを与えることができます。今回の作例のような「ユーザーの声」や、また誰かのコメントなどを的確に表現するには最適です。さらに、人のアイコンなどを用意し、そこから吹き出しを出して、人のアイコンが話しているように設置すると、よりユーザーが実際に話しているかのようなイメージが強まり、わかりやすくなります。人のアイコ

▶ ユーザーの声や人のコメントなどには角丸四角形の吹き出しを使ってセリフ調に

▶ 人のアイコンと組み合わせるとよりわかりやすい

▶ 「正方形／長方形」の吹き出しは説明的な印象なので逆効果

AFTER

角丸四角形の吹き出しは、親しみを感じさせ
やすいので、人のセリフやコメントに最適

誰かが実際に話している印象に

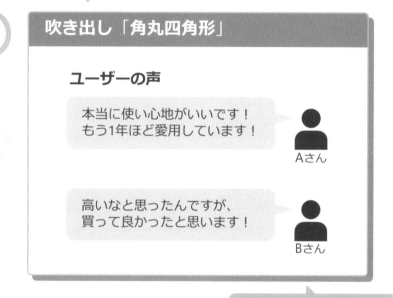

吹き出し「角丸四角形」

ユーザーの声

本当に使い心地がいいです！
もう1年ほど愛用しています！

Aさん

高いなと思ったんですが、
買って良かったと思います！

Bさん

人物のアイコンを加えることで、実際
に人が話している印象がより強まった

ンは、インターネットで素材を探してみると、たくさん見つかります。ただし、利用条件には注意してください。

このときに「正方形／長方形」の吹き出しを使ってしまうと、冷たく淡々とした印象になるので、人間味が感じられなくなってしまいます。角丸四角形にすると、やさしく親しみやすい印象になるので、人が話しているようなイメージ

を出すには最適です。ただし、角をとにかく丸くすればいいわけでもありません。丸めすぎると、子どもっぽい幼稚な印象が強まるので、ビジネスシーンでは不向きです。あくまで、印象を和らげ親しみ感を出すために、ほんの少し丸めるくらいがオススメです。詳しくは153ページのコラムで解説しているので、シーンに応じて角の丸みをコントロールしましょう。

複雑な手順をわかりやすく見せるには？

フローチャートで流れをビジュアル化する

BEFORE

文章で説明するとわかりにくい

手順を丁寧に解説する
ことになるため、文字
量が多くなってしまう

フローチャートを使わない場合

① **商談をする**
② **契約確度を評価**
③ **確度が低い場合**
　1. 顧客ニーズの分析
　2. ナーチャリングの計画
④ **確度が高い場合**
　1. クロージング
　2. 契約

複数の条件が想定されている内容なの
で、文字だけでは、頭の中でそれぞれ
の条件ごとの流れをイメージしにくい

複雑な手順は矢印線で流れを表現しよう

フローチャートとは流れ図とも呼ばれ、物事を処理する手順を目で見てわかるように図にしたものです。一般的にはプログラムの処理手順を書き表す際に使用します。しかし、プレゼンにおける説明にも役立つ場合があります。

特に、条件分岐や繰り返しなどをわかりやすく説明できます。例えば、何らかの作業工程などの説明を行うシーンで、条件によって複数の

手順が発生する場合などに大変便利です。

上の作例は商談の流れを説明した例です。手順をすべて文章で書き起こす場合、誤解がないよう詳しく書かなければなりません。すると、おのずと文章量が増えて、どうしても理解に時間がかかるわかりにくい説明になってしまいます。また、条件分岐があると、どこでどう分岐するのか、文章で説明するのは難しいです。こ

▶ フローチャートとは、処理手順をわかりやすい図にしたもの

▶ 条件分岐などが発生する場合に特に利用できる

▶ 各項目は四角形で表現し、矢印でつなぐと基本形が完成

AFTER

流れや分岐などの全体像が見える

手順と分岐で図形を変えて、線でつなぐだけ。
ビジュアルで掴めるので文字数も減らせる

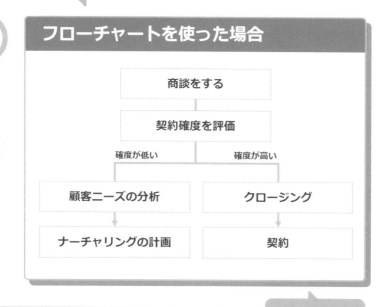

フローチャートを使った場合

商談をする

契約確度を評価

確度が低い　　　　確度が高い

顧客ニーズの分析　　　　クロージング

ナーチャリングの計画　　　　契約

全体の流れを瞬時に
イメージしやすい

れをフローチャートに置き換えると、1つ1つ
の手順や分岐が明確に見えるようになります。

　右の作例の作り方は少し複雑なので、部品ご
とに説明します。各項目は四角形を使います。
できるだけすべて同じサイズだと整った印象に
なります。塗りつぶしで着色しない場合は薄い
枠線にするのがポイントです。矢印は項目の間
に1つ1つ挟むのではなく「カギ線矢印コネク

タ」を2本使用して分岐を表現します。矢印は
各項目の四角形を貫くよう、背景に配置します。
上段の中央部の一本線部分は線を重ね、一番下
の四角形の上に矢印の先端をくっつけて配置し
ます。

　まずは本書の真似をして、慣れてきたらイン
ターネットなどでいろいろなフローチャートを
見て参考にすると良いでしょう。

良いアイコンを選んだはずなのに資料がなんかダサイ…

資料のアイコン選びで
覚えることは3つだけ

BEFORE

タッチがばらばらでチープに見える

黒塗り、イラスト風、線画などテイストが揃っていない

アイコンの選び方

移動時間の短縮
買い物にかかる
時間を短縮可能

毎日商品入荷
在庫切れが少なく
24時間利用可能

リクエスト可能
社員の要望に合わせ
品揃えを変更可能

情報（ノイズ）が増えて内容も理解しにくく本末転倒

カギは「テイストの統一感」

　資料を作る際、アイコンを使って伝えたい内容を簡潔に表現するケースは多いです。資料作成で使えるアイコンが配布されているWebサイトはたくさんあり非常に便利ですが、その際、いろいろなアイコンサイトを回って素材を拾ってくると、左の作例のように、アイコンのデザインテイストがばらばらになりがちです。作例内の一番左は黒塗りテイスト、中央はイラスト

風、右は塗りのない線のみのテイスト、というふうにテイストが揃っていないせいで、統一感がなくチープに見えたり、ベタ塗りのアイコンが悪目立ちしたりします。世の中に出回る大量のアイコンの中から、適切なデザインのものを選ぶのは一見難しそうですが、3つのポイントを押さえるとミスを減らせます。

　まず1つ目は「アイコン素材サイトを限定す

▶ 使用するアイコン素材サイト（アイコンの作者）を絞る

▶ 塗りつぶしありか、塗りなしの線のみか、どちらかで統一

▶ すべて同じ色（メインカラー）に統一する

すべて同じタッチの線画に統一したことで統一感のある見た目に

AFTER

整った印象で悪目立ちもない

アイコンの選び方

オフィスコンビニの特長

移動時間の短縮
買い物にかかる
時間を短縮可能

毎日商品入荷
在庫切れが少なく
24時間利用可能

リクエスト可能
社員の要望に合わせ
品揃えを変更可能

メインカラーに揃えることでさらにまとまりが生まれる

る」ことです。作者が違えば、テイストももちろん異なります。複数のサイトをまたぐときは似たテイストのサイトかどうかをチェックしましょう。使用するサイトを1つに絞るとテイストを合わせやすく統一感を出しやすいです。

2つ目は「塗りの有無」です。色のついた部分の面積が大きく異なると、印象に差が出てしまうので、塗りがありかなしか、どちらかに統一しましょう。塗りなしの場合は線の太さにも注意しましょう。線の太さが異なるとバラバラな印象に見えてしまいます。

3つ目は「色を揃えること」です。テーマカラーを使うことで統一感が出て、完成です。

上のAFTER作例は、「PowerPoint内のアイコンのみを使用、塗りなし、色はすべてメインカラー」という方針で作っています。

写真は余白を作らず
とにかく大きく！

悪くはないがふつう

やや説明的な印象に見える

トレーニングルーム

- 福利厚生の一環で無料で使用可能
- 社員とそのご家族の方は利用無料
- 24時間いつでも使用可能
- 10種類トレーニング器具

写真をめいっぱい大きくしてイメージを伝えよう

写真は大きく見せたほうが相手にもよく見てもらえますし、写真の印象が強くなります。今回は写真のきれいな見せ方について説明します。

通常、写真を掲載する場合は、大きさを調整して、空いているスペースに貼り付けるという人が多いと思います。これは決して悪い見せ方ではありませんが、説明的な印象です。見た目を重視するならばもっと写真を大きく使ってみ

ましょう。この手法は、写真のイメージをより強く伝えたいときにオススメです。

写真を印象付けるには、余分な情報をなくすことと、余白をなくすことがポイントです。そのため、まずは見出しをなくしましょう。見出しのない白紙スライドを使って、余白を作らず、写真をめいっぱい大きくして貼り付けます。縦長の写真の場合は、左右どちらかに寄せて、空

▶ 写真を印象付けるなら余白をなくして最大限大きくする

▶ 見出しもなくして、空いたスペースに文字をのせる

▶ 横位置の場合はスライドいっぱいに写真を拡大してもOK

写真の印象が強まる

写真全体が大きくなり余白がなくなることで、印象が強まる。空間が広く見え、置かれている機材など細部もわかりやすい

いたスペースに内容を書くといいでしょう。

　上の作例の場合は、トレーニングジムという場所の説明が目的です。左の作例のように、写真のサイズを調整して、横に文字を置いただけでも、説明としては悪くはありません。しかし、写真が小さいと写真の中に映る空間も小さく狭い印象になります。また細部が見えないため、何が置いてあるのかも確認しにくくなります。

写真を大きくして余白をなくしたほうが、写真の印象が強まり、空間の印象も良く、どんなマシンがあるのかもわかりやすくなります。

　横長の写真も、サイドをカットして左右に写真を寄せるデザインにすることもできます。そのためには写真のトリミング（152ページ）を行いましょう。横長の写真は、スライド全体に拡大して使う（150ページ）こともできます。

横長の写真の使い方

スライドいっぱいに拡大して
文字をのせるとスタイリッシュ！

説明的な印象がぬぐえない

思い切ってスライド全体に写真を拡大

横長の写真は、思い切ってスライド全体に拡大して使ってみましょう。インパクトが出る上に、写真の印象をより強くすることができます。見出しや説明文などの文字は、25%〜30%ぐらいの透明度で塗りつぶした四角形を作ってのせると、読みやすさをキープしつつスタイリッシュに見えます。

PowerPointで図形の透明度を調整するには、図形を右クリックし、「図形の書式設定」→「図形のオプション」→「塗りつぶし」の順で選択していくと調整できます。塗りつぶし色は、スライドのメインカラーや白黒にすると、まとまりが良くなります。

まるで雑誌の誌面のような迫力のある印象になり、特に風景や食べ物、あるいはそれらの完成予想図などの表現に向いています。

LESSON4 表現 作図

開放的な執務スペース
16階から都内を見渡せる眺望

写真の縦横比は必ずキープ！

写真を拡大する際は、写真の縦横比を変えないようにしましょう。写真の大きさを変更したり形を変更したいという理由で、写真の縦横比を変えて歪めてしまうケースはよく見かけます。しかし、写真が歪んでいると不格好な上、被写体の正しい形やイメージが伝わりません。写真の形を整える場合はトリミング（152ページ）で形を整えましょう。大きさを変える場合は、縦横比をキープしたまま拡大縮小を行いましょう。

写真のサイズや形を変更したい

トリミングの方法

目的に応じて写真を切り抜こう

トリミングを行えば、横長の写真を縦長の写真のように配置したり、写真の不要な部分を省いたり、特に見せたい部分だけを強調して見せたりすることができます。方法は簡単。写真を選択した後、「図の形式」タブをクリックし、「トリミング」をクリック。そうすると、切り出したい範囲を選択できます。

付箋を用いる様子を説明に使いたいという設定。このままでも伝わりますが、不要な部分が写っていて説明するエリアが狭まっています。

必要箇所のみトリミング。縦長になった場合は左端に寄せることで、広くなった空間に余裕をもって説明を書けるようになりました。

トリミングの手順

四角形の丸め方で迷ってしまう

角丸四角形の丸みを
コントロールしよう

丸めすぎには要注意！

角丸四角形では角の丸みを調節できますが、丸めすぎると幼稚な印象になってしまうことがあります。これは図形だけでなくフォントにも同じことが言えます。

角の丸みは、丸みを増すほど「柔らかい印象」が強くなります。悪く言えば、「幼稚さ」が増します。つまり、ビジネスなどの引き締まった場面では丸めるのは控えた

ほうが良いということです。逆に、病院や学校向けでは丸みがある方が、親しみを持ってくれる可能性があります。また、適度に丸めることで、硬すぎず幼稚すぎない一般消費者向けにも適しています。

聴衆は誰なのか、どういった印象を与えたいのかによって、丸みをコントロールすることが大切です。

複数の図があるとごちゃついてしまう

アクセントカラーで
一部分に焦点を当てる

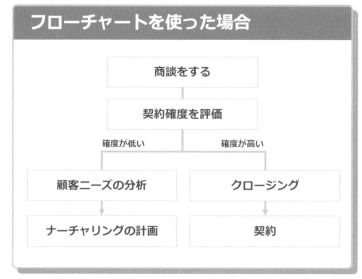

BEFORE

全体像は把握できるが、
流れの中でどの部分が
重要かは掴めない

重要なポイントは掴めない

✕ **フローチャートを使った場合**

商談をする

契約確度を評価

確度が低い　　　　　確度が高い

顧客ニーズの分析　　　　クロージング

ナーチャリングの計画　　　　契約

特に注目すべき部分を塗りつぶす！

フローチャートや手順説明などでは、図形が多く並んだスライドをしばしば使います。そういったスライドは、スライド上の情報量が多い分、ひと目では注目すべきポイントがわかりにくくなりがちです。そんなときは、注目ポイントだけをアクセントカラーで塗りつぶし、焦点を可視化しましょう。例えば重要な手順や、成否を左右する条件分岐など、注目してほしい部分に色をつけることで、視線を集め、重要な部分であると認識してもらうことができます。

なお、フローチャートの1つ1つの手順を口頭で説明する場合のわかりやすい見せ方を紹介します。まず、手順の数分、フローチャートを別スライドにコピーし、説明する手順ごとに、塗りつぶす箇所を変えたスライドを表示しましょう。すると、今話しているのがどの部分なの

▷ 注目すべき部分だけアクセントカラーで塗りつぶす

▷ 見せたい部分だけ色を変えることで視線を集めることができる

▷ 説明する手順ごとに、塗りつぶす箇所を変えると順序立てて説明しやすい

AFTER

黄色い部分に真っ先に目がいく

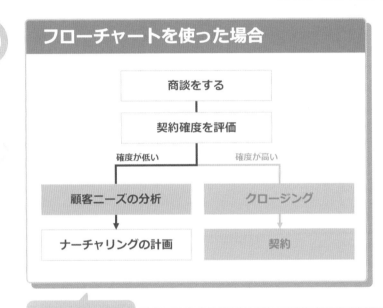

説明している部分がどこかがひと目でわかる

かがすぐにわかり、順序立てて説明しやすくなります。

アクセントカラーを使ってその箇所に焦点を当てる手法は、図形だけでなく、どうしても1ページに収める必要があり情報量が多くなったスライドでは非常に便利なテクニックです。アニメーション機能を使いこなせば、1枚のスライドで、塗りつぶされる場所が移動していくよ

うな動きのあるスライドも作成できます。ですが無理にアニメーション機能を使う必要はありません。スライドをコピーして、塗りつぶす場所を変えるだけで十分です。

ただし、印刷をする場合は、複数ページ似たようなスライドが続くことになるので、印刷する前に、どのページを印刷するかをコントロールしておいたほうが良いでしょう。

いろんな図やグラフで一部分に注目を集める方法を教えて！

図やグラフを強調する アクセントカラーワザ

1. 矢印など流れを強調

各項目ではなく、矢印そのものを目立たせたいときに有効なデザインです。プレゼンで、「それではこちら側の流れについて説明します」と話を切り出すときなどに使います。もともとの矢印（ここではカギ線矢印コネクタ）をコピーして上に重ね、アクセントカラーに変更します。矢印の先端をなくし、太さを15〜20ptほどに変更します。最後に最背面に移動させて完成です。

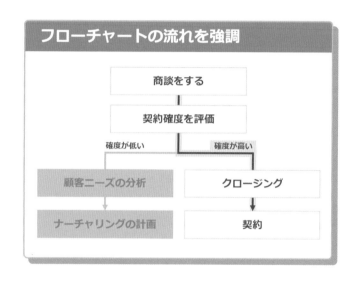

2. 情報グループの強調

情報グループ全体を強調したいときは、その情報グループの背景をアクセントカラーにすると目立ちます。作例のようにアイコンや文字を含む四角形を強調する際、文字やアイコンの色がそのままだと、アクセントカラーの背景にメインカラーのアイコンや文字がのり、ちぐはぐ感が出ます。アクセントカラーを使うときの文字色ルールに合わせて、色変更を忘れないようにしましょう。

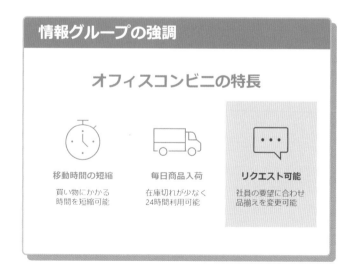

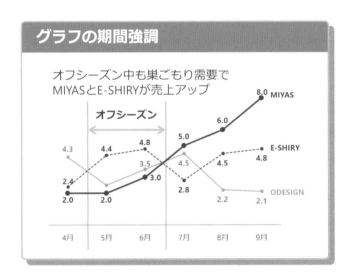

グラフ内で期間を示すときに、塗りつぶし図形＋線2本＋矢印1本で見せるデザインです。グラフの全体像を見せつつ、特定の期間に注目してほしいときなどに使えます。塗りつぶし図形は注目エリアの可視化、線と矢印は両端を見やすくする補助として表現します。グラフを邪魔しないよう、必ず最背面に配置しましょう。

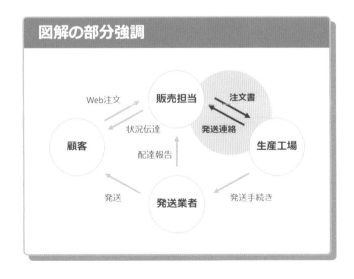

図解をいくつかのステップに分けて説明する際、注目してほしい部分にアクセントカラーの正円を最背面に配置することで強調します。円の図形だけでできる汎用性の高い強調方法です。楕円にすると見た目のバランスが崩れやすくなるので、なるべく正円にするのがポイントです。注目点以外はグレーにすると相対的に注目点が際立ちます。

スライド全体のストーリーをわかりやすくするには？

「目次スライド」で
現在位置を視覚的に示す

BEFORE

全体の構成は掴める

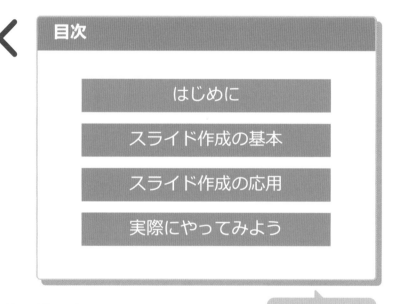

これをスライドの冒頭に差し込むだけでも概要がわかるので親切

スライドが完成したら目次スライドを差し込もう

スライドは1枚ずつ表示する特性上、全体を俯瞰してみることが難しく、「今、全体の中でどの部分が話されているのか」がわからなくなることがあります。

そこで、スライドの主だった項目をまとめた目次スライドを、項目が変わる部分に差し込みます。すると、「今、どこまで話し、これから何を話すのか」ということを視覚的に伝えるこ

とができます。見ている側は、スライド全体の流れを視覚的に認識でき、現在位置を把握することができるので、現在のスライドがどういう主旨の内容なのか、より理解しやすくなります。また、これまで話されたことを振り返ることができるので、おさらいもしやすいです。

作り方は簡単です。メインカラーの四角形を縦に並べて、四角形の中に項目名をまとめます。

▶ 目次スライドを作って、項目の切り替わる部分に差し込む

▶ スライド全体の流れと話の筋がよりわかりやすくなる

▶ 終了した項目はグレー、現在位置はアクセントカラー、これからの項目はメインカラー

説明項目が多いときは
節目ごとにこれを差し
込めば特に有効

AFTER

ひと目で現在位置が伝わる

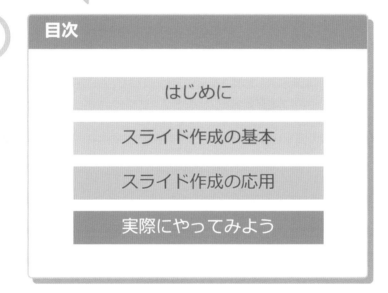

これを基本の目次スライドとしてコピーしていきます。

項目毎の節目に目次のスライドをコピーして差し込み、話し終わった項目は「グレー」に、今から話す項目は「アクセントカラー」に、まだ話してない項目は「メインカラー」にしておくと見やすくなります。

上の作例を見てみましょう。左の作例のよう に、メインカラーのみの目次を資料の冒頭に入れるだけでも、このスライドの筋書きを大体掴めるので十分わかりやすいです。しかし、右のように色で現在位置を示したものを入れると、中の文字を読まなくてもひと目で直感的に現在位置がわかるので、さらに親切な印象です。

これをスライドの仕上げに行うだけで、話の筋が格段にわかりやすくなります。

そもそもグラフってどう使い分ければいいの？

伝わるグラフ選びのコツは「データをどう見せたいか」

各グラフの特性を理解すると選びやすい

グラフにはさまざまな種類のものがありますが、選ぶときに「なんとなく」ではなく、意図を持って選ぶとより効果的に伝えられます。

「このグラフは何を表現しているのか」を考えると、そのときどきにあったグラフを適切に選べます。ここでは、よく使う「棒グラフ」「折れ線グラフ」「円グラフ」の使いどころを紹介します。

棒グラフは「棒の高さと面積」、折れ線グラフは「線の傾き」、円グラフは「面積の割合」を表現するグラフです。「このデータをピックアップしたい」「データ全体の流れを見せたい」「割合を直感的に示したい」など、データをどのように見せたいのかをまず想像するところからがグラフ作成のスタートです。

1. 棒グラフ

棒グラフは塗りつぶしの面積が大きく、個々のデータ項目に着目させやすいグラフです。作例のように「4〜9月までのデータは見せる必要があるが、6月に着目して説明したい」という場合に適しています。また左右で比較しやすいため、高さで比較させたいときにも有効です。

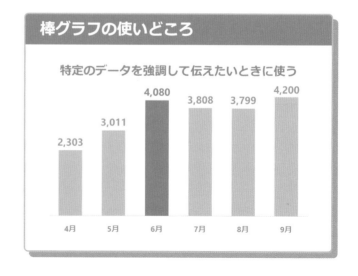

棒グラフの使いどころ

特定のデータを強調して伝えたいときに使う

		4,080	3,808	3,799	4,200
2,303	3,011				
4月	5月	6月	7月	8月	9月

▶ 棒グラフ＝個々のデータ項目に着目させたいとき、高さで比較させたいとき

▶ 折れ線グラフ＝増減の傾きや左から順に数値の動きを見せたいとき

▶ 円グラフ＝合計100％になるデータで、直感的に割合の優劣を伝えたいとき

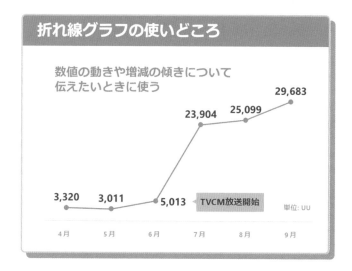

2. 折れ線グラフ

　折れ線グラフは、線が傾きを可視化してくれているため、どのくらいの上昇度（下降度）があるのかが読み解きやすくなります。

　折れ線が目線の動きを誘導する働きもあるので、左から順にデータを追うような伝え方のときにもおすすめです。

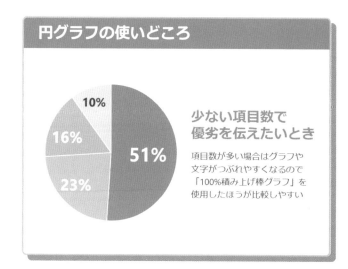

3. 円グラフ

　円グラフは系列が1つで合計100％になるデータで、項目数が少ない場合に使います。直感的に何がどれくらい占めているのかがわかるグラフです。項目数が多いと針のように細いピースが多くなり、相対比較がしにくくなります。数字が入り切らない、面積による比較がしにくいと感じた場合は100％積み上げの「棒グラフ」を使いましょう。

伝えたいことが伝わるグラフのコツ

グラフは自分の意図を 「見える化」する

BEFORE

グラフを読み解くのに時間がかかる

> 色数が多くてごちゃごちゃして見える

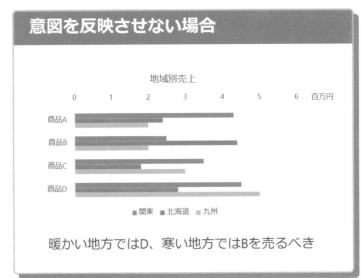

意図を反映させない場合

地域別売上

商品A
商品B
商品C
商品D

■関東　■北海道　■九州

暖かい地方ではD、寒い地方ではBを売るべき

> 説明文の内容は、グラフのどこを指して言っているのかがひと目ではわからない

グラフをきれいに作るだけではダメ！

　グラフの捉え方は人によってさまざまです。データをただ貼り付けただけでは、意図を正しく理解してもらえない可能性があります。

　そこで、自分が主張したいことはグラフのどういった部分なのかを伝えることが重要です。そのためには、単にグラフをきれいに作成するだけではなく、伝えたいところ、そうでないところが、視覚的にきちんと見えるようにする必要があります。

　例えば、棒グラフがただ並んでいるだけでは一番低いところが重要なのか、高いところが重要なのか、それとも全体的な増減が重要なのか、さまざまな解釈が可能です。一番高いところに焦点を当て、その部分だけ色を変えたり、何らかのオブジェクトで注目させたりすれば、「そこが重要であること」が伝わります。さらに、

▶ データを貼り付けただけのグラフはNG

▶ グラフのどこが重要なのかを視覚的に示す

▶ 基本は、焦点を当てたいポイントを目立たせること

AFTER

グラフの主旨が明快！

特定の箇所のみ色づけし、説明文を近づけた。グラフの分類も変更

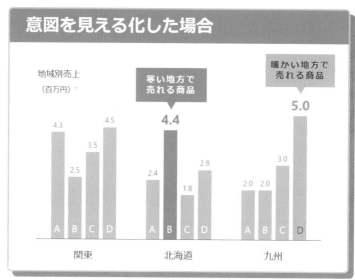

そこに数字なども加えればよりわかりやすくなります。

目線の移動を少なくすることも大切です。対応する情報が離れていると、目線を大きく移動させることになり、内容理解の妨げになるためです。本書では円グラフや棒グラフで、凡例や縦軸の削除や一体化を推奨しています。例えば、縦軸がある場合、目線は「グラフ」→「左の縦軸」→「縦軸近くの数値」と移動しますが、縦軸を消すと「グラフの先端」だけで完結するため、目線がうろうろせずスムーズに内容を理解できます。凡例も同じ理由で、凡例を削除し、項目名をグラフ内部や付近に設置すれば、目線をたくさん動かす必要がなくなります。

正しく伝えるグラフ表現を学んで、より正確に聴衆に伝えられるようになりましょう。

わかりやすいグラフにする基本の流れが知りたい

見やすいグラフ作成の
基本フロー

改善前の元のグラフ

ここでは棒グラフを例にわかりやすくする改善STEPを取り上げます。

見やすいグラフ作りの基本ポイントは以下の通り。

●なくてもいい余分なものを消す
●極力目線の移動を少なく
●意図に応じて色を調整

もちろんグラフの種類によっては特有の手法があるので、次のページ以降で紹介している内容を参考にしてください。

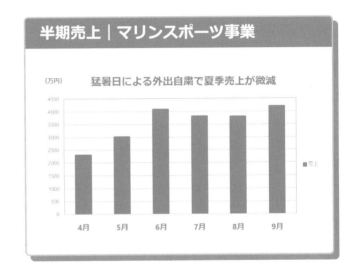

STEP1　縦軸を削除

まずは縦軸をなくします。縦軸があると棒グラフ先端と縦軸の目線の往復が多くなり、一時的に数値を覚える必要があるなど、脳に余計な負担がかかります。

→ 168ページ
→ 170ページ

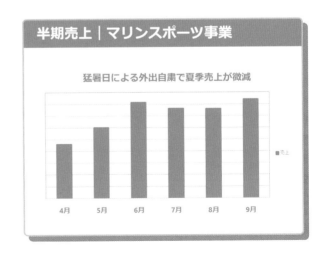

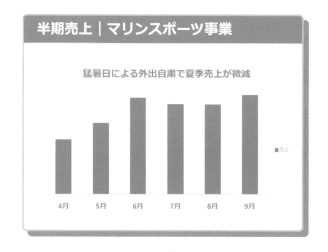

STEP2　補助線を削除

　補助線は棒グラフ先端が縦軸の
どの位置にあるかを見つけやすく
するための役割がありますが、縦
軸がなくなるとほとんど意味をな
さなくなるので削除します。

→ 168ページ
→ 170ページ

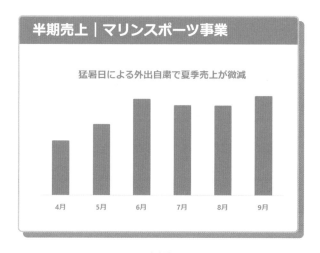

STEP3　凡例を削除

　凡例は数個であれば、デザイン
の工夫でどの情報かわかるため、
消しても問題ありません。

→ 167ページ
→ 168ページ
→ 170ページ

STEP4　データラベルを追加

　縦軸の代わりにデータラベルを
追加します。棒先端に数値がくる
ので目線移動を最小限にできます。
　あとは目立たせたいところに着
色したり、関係のないところはグ
レーアウトしたりしましょう。
　フラットなデータとしてみせる
場合は、一部分を誇張しすぎない
よう注意しましょう。

→ 168ページ
→ 170ページ

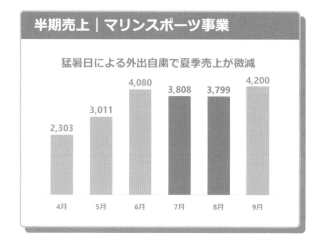

円グラフが煩雑な印象になってしまう

円グラフは「カラフル」にしてはいけない

カラフルすぎて目がチカチカ

色数が多くて見栄えも悪い上に、数字も小さくて見にくい

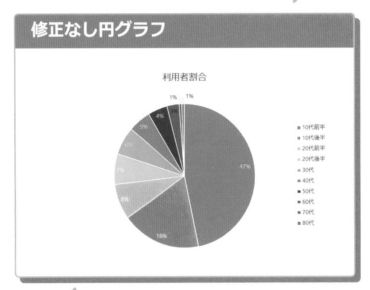

修正なし円グラフ

利用者割合

- 10代前半
- 10代後半
- 20代前半
- 20代後半
- 30代
- 40代
- 50代
- 60代
- 70代
- 80代

情報の強弱がないのでこの円グラフで何を伝えたいのかわからない

重要な項目だけ2〜3色で色分けしよう

　円グラフはグラフの中でも色が多くなる可能性が高く、煩雑になりがちです。とはいえ、色を変えないと項目の切れ目がわかりません。

　ここで考えたいのが「伝えたいことは何なのか」です。例えば円グラフの項目が10個ある場合、10個すべて説明したいなら、色をすべて変えてもいいですが、大抵は「○○の割合が高い・低い」と特定の項目について伝えるのが目

的です。ならば、多い（または少ない）項目だけを強調し、それ以外はまとめてグレーなどの無彩色にしたほうがわかりやすくなります。

　上の作例は何らかの利用者割合を示したもの。左はカラフルすぎて何を伝えたいのかひと目では理解できません。右の作例は、「10代が多い」こと、特に10代前半が突出して多いことがすぐに伝わります。また、ここでは「20代もあ

▶ カラフルな円グラフは煩雑になってわかりにくい

▶ その円グラフで伝えたい重要な項目だけを強調する

▶ 優先度順にアクセント・メイン・ベースカラーで色分け

AFTER

色数が絞られて見栄え
もよく、重要なことも
ひと目で伝わる

何が重要なのかスッキリわかる！

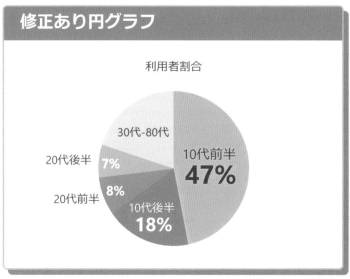

修正あり円グラフ

利用者割合

30代-80代

20代後半 7%

20代前半 8%

10代前半 **47%**

10代後半 **18%**

特に重要な数字は他よりもサイズを大きくし
てジャンプ率を上げると、よりわかりやすい

る程度いる」「30～80代はここでは重視しない」という設定で作成しているので、この重要度に応じて、色を分けていきます。

多くの場合、円グラフで割合の小さな項目は、ほとんど見る必要がない情報です。たかだか数％の項目は「ああ、そういう項目も調べたんですね」程度の情報にしかなりませんし、グラフを窮屈かつ煩雑にする元凶にもなります。より

洗練された情報を届けるためにも、項目名や項目の色もまとめましょう。色数の目安は基本色の2～3種類に留めるのがベターです。

不要なデータラベルや凡例は削除し、テキストボックスを使って自分で項目名をまとめ、グラフの中や近くにのせたほうが見やすいですし、グラフ内が狭い場合に文字をグラフ外に出したり、文字調整もしやすくなります。

棒グラフのわかりやすい見せ方は？

棒グラフの縦軸は不要！
データラベルですっきり見せる

オーソドックスな棒グラフ

数値を比較するには目を凝らしていちいち縦軸を見る必要がある

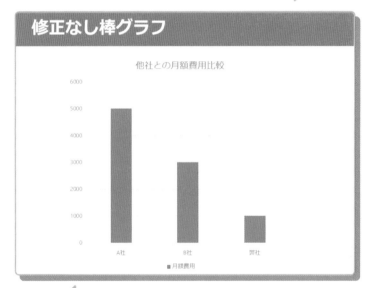

このグラフで何を伝えたいのかがややわかりにくい

「凡例」「補助線」「縦軸」の3つは取り払う

左の作例のような棒グラフはよく見かけますが、ここから重要でない情報を削除すればよりわかりやすいグラフにすることが可能です。削除するべきなのは「凡例」「補助線（グラフ背景の薄い線）」「縦軸」の3つです。これらを取り払うとスッキリ見えます。

まずは「凡例」ですが、これをここで説明しなくても、グラフタイトルを読めば、このグラ

フが何を示しているのか理解できるので削除します。次に、補助線は、薄くて見にくいですし、なくても内容を理解できるので削除します。

最後に縦軸ですが、縦軸がないと数値がわからなくなってしまいます。そこで、「データラベル」を追加しましょう。データラベルとは、グラフが持つ実際の数値のこと。これをグラフのすぐそばに配置すれば、上の作例のような縦

▶ 必要のない「凡例」「補助線」「縦軸」は思い切って削除

▶ 数値は縦軸ではなく「データラベル」で見せる

▶ 特に重要な棒グラフはアクセントカラーで色づけ

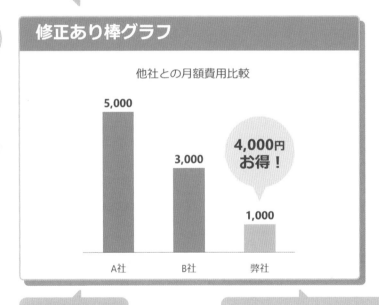

凡例・補助線・縦軸は
すべて削除したことで
すっきりした印象に

AFTER

余分な要素を削除してスッキリ！

修正あり棒グラフ

他社との月額費用比較

棒グラフの上にデータ
ラベルを付加するとひ
と目で数値がわかる

アピールしたい自社のグラフのみ色を
つけることで、特に安いことがわかる

の棒グラフの場合、いちいち縦軸の数値と見比べなくても、数値がグラフのすぐ近くにあるので理解しやすいというメリットもあります。

　棒グラフの棒部分を右クリックして、「データラベルの追加」→「データラベルの追加」を選択しましょう。そうすると棒の上に数値が現れます。

　さらに、伝えたいことを明確にするために、

強調することも重要です。特にアピールしたい棒グラフの色を変更しましょう。円グラフ同様、棒グラフは基本色を使って作成し、重要な棒グラフのみアクセントカラーにしておくと重要な項目がひと目でわかります。さらに吹き出しを使って、何がどう重要なのかアピールポイントをキーワードで説明すると、よりわかりやすいグラフにすることができます。

折れ線グラフのわかりやすい見せ方は？

折れ線グラフは「ピンポイント吹き出し」を活用する

BEFORE

何の説明もなく不親切

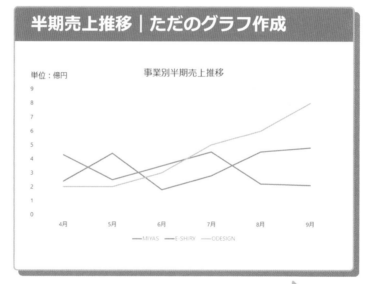

これだけではこの推移が何を示しているのかはわからない

吹き出しで数値をピンポイントで説明

　折れ線グラフは、それだけでは特にわかりにくいグラフです。そこでオススメなのが、吹き出しでポイントを表現すること。

　吹き出しは、大きさを変えて大小を表現しやすいことが特徴です。そのため、グラフの数値をピンポイントでわかりやすく見せることができます。円の吹き出しを使うとよりキャッチーな印象になりますが、スペースを多くとるため、

スペースが狭い場合は四角形を使いましょう。

　例えば、上の作例のような売上推移があったとします。ただ、推移の事実だけを見せたいのなら、何も付け加える必要はありませんが、大抵はこの推移から何らかのストーリーを伝えたり、比較したい部分があったりするはずです。「5月はB事業が4.4億で最高だったのが、9月はC事業が8億で最高になった」ことを説明した

▶ 円や四角形を使った吹き出しでピンポイントで説明する

▶ 比較したい箇所など重要な部分を吹き出しで説明

▶ 比較の場合は強調したいほうの吹き出しと文字を大きくする

AFTER

比較ポイントがひと目でわかる

2つのポイントを吹き出しでピックアップして説明することで、比較しやすくなる

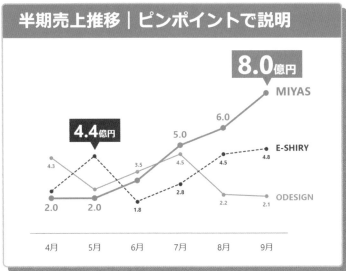

半期売上推移｜ピンポイントで説明

特に重要な数値と吹き出しをより大きく、また色も変えることで、印象が強まる

いなら、吹き出しで数値を示すことで、ひと目で比較できます。このように、何箇所かをピックアップして比較したいときに役立つテクニックです。比較をする場合は、吹き出しとその中の文字サイズに大小をつけて、強調したいほうの数値を目立たせると、そのグラフで伝えたいポイントをより明確にできます。強くアピールしたい数値がある場合にオススメです。

COLUMN

円吹き出しは文字が見切れやすい

変な位置で改行されたりはみ出たりする場合は、文字を小さくするか余白を調整しましょう。余白は、文字を選んだ状態で右クリックし「図の書式設定」を選択。次に「文字のオプション」→「テキストボックス」の順にクリックし、左余白、右余白を「0」に設定してから、文字サイズを調整すると意図通りに調整しやすいです。

詰まって見えがちな表を見やすくしたい

「色」と「余白」の使い方で表をすっきり見せる！

全体的に窮屈な印象

各セルが塗りつぶされている上、表全体のサイズも小さいので窮屈に見える

× **修正なしの表**

サービス名	ご利用割合	価格
Aサービス	5%	¥10,000
Bサービス	10%	¥15,000
Cサービス	20%	¥30,000
Dサービス	60%	¥50,000
Eサービス	5%	¥100,000

Dサービスを赤枠で強調しているものの、すっきりとは言えない

LESSON 4

表現

表

強調するならセル塗りつぶしか文字色変更

　表は、複数の項目とたくさんの文字を一覧で見せるため情報量が増えやすく、すっきり見えるよう気を配る必要があります。

　まず、よくある、左の作例のように表のセルをすべて色で塗りつぶす手法は背景の濃淡のせいで数値が際立ちにくい可能性があるので、白っぽい背景のほうが数値が見やすいです。背景は白をベースにし、表の内側の線はグレーにすると、すっきりしたデザインになるのでオススメです。また、表全体のサイズが小さいと各項目のセルが小さくなり、窮屈な印象なので、可能な限りセルを大きくしましょう。セルごとにきちんと余白を作ると、ゆとりが生まれて文字が見やすくなります。

　表の重要項目を強調する際にやりがちなのが、四角い枠で囲う方法。これはNGです。表はす

▶ 表のセルは塗りつぶさず、白ベース＋グレー罫線だとすっきり見える

▶ 表全体のサイズはできるだけ大きく、各セルごとに余白を作る

▶ 注目すべきセルはセル塗りつぶしか文字色変更で強調する

表の背景色や罫線の色を変え、表のサイズを大きくして余白を作ったことで表内の文字が見やすくなった。窮屈感が解消

AFTER

ゆとりが生まれ、すっきり見やすい！

修正ありの表

サービス名	ご利用割合	価格
Aサービス	5%	¥10,000
Bサービス	10%	¥15,000
Cサービス	20%	¥30,000
Dサービス	60%	¥50,000
Eサービス	5%	¥100,000

強調箇所は薄いアクセントカラーで塗りつぶすと目を引く

でに枠で構成されたものなので、その中にさらに枠を追加すれば、ごちゃごちゃした印象になりがちですし、周りに埋もれやすくなります。さらにセルの余白も圧迫されます。強調するなら、セルを塗りつぶすか、文字の色を変えるかのどちらかです。塗りつぶす際は色が濃すぎると見出しのような表現になるので、アクセントカラーやメインカラーを薄くした色にすると見

やすいです。

　数字のデータがあるときは、単位を小さく、数字を大きくすると理想的です。数字か単位のどちらかを2段階分、文字サイズを変更するのがオススメです。見やすくなる上に、デザイン的にもきれいに見えます。

　最後に、文字は中央揃え（長いテキストは左揃え）、数値は右揃えに統一すれば、完成です。

円グラフの色を意図通りに変更したい！

円グラフはいったん全部
同じ色にしてから色分けする

自分の意図通りに色をつけやすい

　円グラフは、PowerPointの初期設定では、すべての項目に自動的に色がついています。これを、自分の伝えたい内容に応じて色分けするには、まずはすべて同じ色にしてしまえば後の作業がスムーズです。

　色変更の方法は、まずは円グラフ上で右クリックし、「データ系列の書式設定」を

クリックして表示します。次に、「塗りつぶし」のタブを選択し、「要素を塗り分ける」のチェックを外せば全て同じ色になります。この際、「枠線」は「線なし」にしておきましょう。その後、それぞれの要素を選択して色をつけていけば、自分の意図通りに色分けしやすくなります。

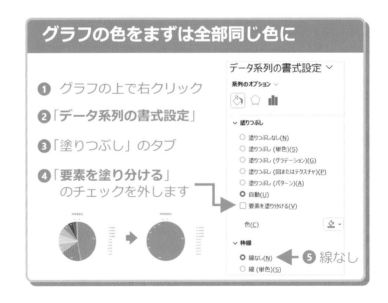

グラフの色をまずは全部同じ色に

① グラフの上で右クリック

② 「データ系列の書式設定」

③ 「塗りつぶし」のタブ

④ 「要素を塗り分ける」
のチェックを外します

⑤ 線なし

データ系列の書式設定
系列のオプション
塗りつぶし
○ 塗りつぶしなし(N)
○ 塗りつぶし (単色)(S)
○ 塗りつぶし (グラデーション)(G)
○ 塗りつぶし (図またはテクスチャ)(P)
○ 塗りつぶし (パターン)(A)
● 自動(U)
□ 要素を塗り分ける(V)
色(C)
枠線
● 線なし(N)
○ 線 (単色)(S)

LESSON 5

さまざまな
資料に
応用しよう
シーン別実例集

プロジェクト提案のための
プレゼン用表紙スライド

ワクワク感に欠ける上に見にくい

プロジェクト内容のイメージがわからない

新規プロジェクト提案
商品の新しいカタチを提供する
「Visual Product」

プロジェクト企画室
狭山景俊

ここがNG

　　PowerPointに登録されているデザインテンプレートをそのまま使用しています。文字などが見にくい設定になっていることが多くあります。ここでは、プロジェクトの内容と連動しているわけではないのでワクワク感もありませんし、文字がすべて同じサイズ設定になっているので、メリハリがなく、何を伝えたいのかが伝わってきません。

▶ 表紙の要素を「資料の目的」「提案内容」「作成者・発表者」の3つに分ける

▶ 3つの要素ごとにグルーピングし、一番重要な「タイトル」を大きく

▶ 背景にプロジェクトのイメージに合う写真を敷いて印象付ける

AFTER

プロジェクトのイメージがわく！

新規プロジェクト提案

商品管理の新しいカタチを提供
Visual Product

プロジェクト企画室
狭山 景俊

タイトルがひと目で目に入る。背景の写真でイメージがわく

ここを改善

● 表紙の要素は「何の資料で」「何を提案し」「誰が作成・発表するのか」の3つに分け、それを左上、真ん中、右下のエリアにグルーピングして掲載します。見栄え、見やすさの両方が高まります。

● 一番重要な「何を提案するのか」を示すタイトルを大きく表示します。

● プロジェクトのイメージを印象付けるために、写真を画面いっぱいに貼り付けています。上に文字をのせるので、上からメインカラーの四角形をかぶせて30%の透明度に設定。

● 写真を全面に貼り付けただけでは野暮ったいので、グレーの直角三角形と四角形を組み合わせて、右下に名前を書くエリアを作り、メリハリをつけています。

大事なポイントを覚えてもらいたい

提案するサービスの特長紹介

BEFORE

どのような特長なのか不明

サービスの特長

特長
- 管理画面がわかりやすい
  - アイコンや写真で直感的です

- 他の管理ソフトよりシンプル
  - 必要な管理項目だけを登録できます

- ブラウザ上で完結
  - インターネットが使える環境なら
    どこでもアクセスできるので
    スマホで外出先でも管理できます

長く詳細な説明は読む
のが大変。結局読まれ
ず、特長が伝わらない

ここがNG

　文字がやたらと多く、提案するサービスの特長が瞬時に理解できません。文字量が多いことで文字サイズも小さくなってしまい、行間も詰まっているので読みにくいです。無意味な箇条書きマークが多いのも無駄が多く感じます。

▶ 説明が長いとかえってわかりにくい

▶ 要素を3～5つに絞り、それぞれ1行で説明する

▶ 詳細な説明は削除し、別スライドで解説

キーワードを抽出して
簡潔に表現。サービス
の特長がすぐわかる

AFTER

サービスの特長が瞬時に掴める

サービスの特長

① **誰でもわかる管理画面！**

② **管理項目がシンプルに！**

③ **どこでもアクセス可能！**

ここを改善

● 要素を3～5つに絞り、それぞれ1行で説明すると簡潔な印象になります。

● 「1スライド＝1メッセージ」のルールに基づき、このスライドでは、「このサービスには3つの特長がある」というメッセージに絞り、細かい説明は削除します。それぞれの特長の詳細説明は、別のスライドを用意して1つずつ説明したほうがわかりやすくなります。

● これから説明する部分を黄色でフォーカスすることで、視覚的にわかりやすく示すことができます。

072

どうしても、複数の項目を同時に表示したい！

あえて1枚のスライドに構造の異なる内容を収める

BEFORE

構造がわかりにくく理解しにくい

メッセージの異なる大項目が同列に扱われていて構造がわかりにくい

複数の項目を表示するとき

複数掲載する主な目的
全体構造や特定の情報を意識させつつ伝える
デザインのコツ
- グループ分け
  - 包含関係や関連度で仕分ける
- 配置分け
  - 配置場所を余白や線で仕切る
- 装飾分け
  - 装飾や見せ方を分ける

項目数が多いのにテキストのみで深い階層まで記述されて読みにくい

LESSON 5 実践

ここがNG

　「1スライド＝1メッセージ」というルールに沿って作っていても、「全体の構造も含めて特定の情報を伝えたい」といった意図があるなど、どうしても複数の項目を1つのスライドに同時に表示したいときに困ることがあります。そこで、今回の作例では「目的」と「手段（コツ）」をあえて1枚に収めたい意図があるものとして説明をしていきます。

　この2つの「目的」と「手段」の大項目は伝えたいことが異なりますが、上のBEFORE作例では、2つの大項目が箇条書きで同列に扱われており、異なるメッセージであることが見た目では判別できません。また、「手段」の詳細を、箇条書きや階層（インデント）を用いて表現するのは良い方法ではありますが、文字のみで構成されています。

▶ メッセージが異なる項目は余白と線でわかりやすく仕切る

▶ 情報グループごとに分けて配置する

▶ グループが異なるものは装飾を変え、同じ情報グループは装飾を統一

AFTER

2つの大項目の階層の
違いがひと目でわかる

項目数が多くても見やすい

複数の項目を表示するとき

複数掲載する主な目的
全体構造や特定の情報を意識させつつ伝える

━━━━━ デザインのコツ ━━━━━

グループ分け	配置分け	装飾分け
包含関係や関連度で分ける	配置場所を余白や線で仕切る	装飾や見せ方を分ける

全体像と付帯情報が見
やすい

ここを改善

● まず、2つの大項目「目的」と「手段（コツ）」はメッセージが異なるため、余白や線を使って仕切ります。

● デザインのコツ部分に付帯する3つの情報は、図形を用いて並列に配置し、装飾を統一することで同じ情報グループであることを可視化します。階層構造を、文字のみではなく図形を使って表現すれば、情報のかたまりがはっきりと区別できるようになります。

● ここまでのように「グループ分け」「配置分け」「装飾分け」を意識すると、情報の種別を見た目で表現できるようになり、項目数が多くても見やすいスライドになります。

073

複数のプランをわかりやすく見せたい

見やすくわかりやすい
料金プラン表

BEFORE

まず表の見方を考えてしまう

項目と内容が判別しにくい

料金プランNG例

プラン	Standard	Business	Professional
月額	¥30,000	¥100,000	¥150,000
対象人数	10人	100人	無制限
解析機能	なし	あり	あり
契約期間	3か月	1年	1年

全体的に文字が小さく、
視認性が低い

LESSON 5 : 実践

ここがNG

　料金プランは、金額や利用可能な機能、契約期間など、伝えるべき項目が複数あることがほとんどなので、表を使って表現することが多いですが、煩雑でわかりにくくなりがちです。ここではPowerPointにあらかじめ登録されているテンプレートを使用していますが、プランによる優劣がわかりにくく、データ自体も見やすくする工夫がありません。

▶ シンプルな黒枠の表に変更し、プランごとに背景色でグルーピング

▶ セル、文字サイズを全体的に大きくして視認性をアップ

▶ 機能の有無は「○」「×」マークで視覚的に表現

AFTER

プランごとに色でグルーピング。プランごとの違いがわかりやすい

プランごとの特徴がわかりやすい

料金プランOK例

	Standard	Business	Professional
月額	¥30,000	¥100,000	¥150,000
対象人数	10人	100人	無制限
解析機能	×	○	○
契約期間	3か月	1年	1年

各セルの視認性がアップして見やすくなった

ここを改善

● シンプルな黒枠の表に変更。プランごとに背景色でグルーピングすると、プランごとの違いが明確になります。

● 対応・非対応の表現は○と×で表現すると視覚的にわかりやすくなります。テキストで書かず、アイコンを使うと質感が上がります。

● 全体的にセルのサイズを大きくして文字も大きく、かつ余白を作り、文字を見やすくします。「¥」「人」などの単位を小さくしているのもポイントです。

● NG例左上の「プラン」と書いてあるセルは、削除するとすっきりします。下の列と右の行のどちらにかかっている内容なのか一瞬では判断できませんし、見出しに「プラン」と書いてあればわかることなので不要です。

074

自社の商品を魅力的に見せたい

自社の商品概要

セールスポイントがわからない

商品名が小さいうえスペックもわかりにくい

商品概要NG例

業務用脱毛機 **SubesPro**

連射出力：出力が落ちにくい
1照射単価：0.2円~0.4円
施術時間：20分程度
脱毛方式：光脱毛

冷却性能

照射数	500回	1000回	2000回
従来品	8℃	13℃	20℃
SubesPro	1℃	2℃	2℃

商品写真のサイズも小さすぎる

ここがNG

　商品概要の目的は商品に興味を持ってもらい、「購入したい！」「導入したい！」と思ってもらうこと。画像と商品紹介のテキストをただ並べただけでは、何がウリの商品なのか、どんなメリットがあるのかもわからず味気ない印象です。どんなに優れた商品でもこれでは魅力半減でしょう。また、1スライドに詰めたい情報量も多めなのに、視覚的に分ける工夫もありません。

▶ 商品画像は背景を上下いっぱいに広げて、全体の背景と一体化させると洗練された印象に

▶ 重要な商品名をもっとも大きくして目立たせる

▶ 混乱しやすいスペックや仕様は、グルーピングで見やすく表示

AFTER

写真はテキストのエリアを残して大きく掲載。インパクトが出て目を引く

セールスポイントがはっきりした

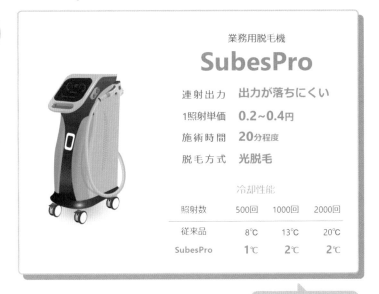

業務用脱毛機

SubesPro

連射出力	**出力が落ちにくい**
1照射単価	**0.2~0.4円**
施術時間	**20分程度**
脱毛方式	**光脱毛**

冷却性能

照射数	500回	1000回	2000回
従来品	8℃	13℃	20℃
SubesPro	**1**℃	**2**℃	**2**℃

文字の大小、色使いなどでグループ分けされて見やすい

ここを改番

●商品画像は上下いっぱいに白背景を敷いて、全体の背景と一体化させます。そうすることで、より洗練された表現にできます。テキストを書くエリアを確保しつつ、画面いっぱいに商品画像のエリアを配置しましょう。

●もっとも重要な商品名は一番大きく。商品の性能をアピールする場合は項目名より性能の内容を太字にしましょう（作例だと「出力が落ちにくい」「20分程度」等の部分）。

●項目名と内容部分は、「：」を使わず、距離を離す＆色を変えることによってグルーピングすると見やすくなります。

●表を併記する場合は「紹介したいもの」の側にメインカラーなどで装飾をすると注目しやすく、より優良感が表現できます。

グラフを効果的にわかりやすく示したい

売上推移グラフ

棒グラフでは推移の変化がわかりにくい

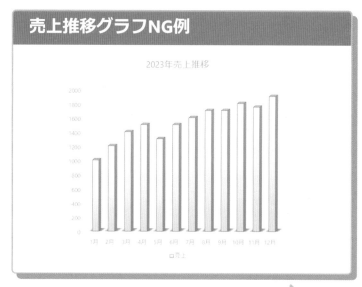

売上推移グラフNG例

2023年売上推移

□売上

> 棒グラフは「量」を示すのが得意なグラフ

ここが
NG

　売上の量を比較するなら棒グラフは最適ですが、「推移」を説明するには不向きです。棒の高さ（量）に目がいってしまうので、横の動きを追いにくいためです。

　また、ここではPowerPointに元々登録されている3Dのグラフを使っていますが、これは絶対にやめましょう。余計な奥行きの情報や影などの飾りが増えてしまう分、見にくくなり、比較がしにくくなります。「高さを比べて見たいのに斜め上から見下ろす形（3D）が見やすいか？」と考えてみれば、真横（2D）で見たほうがわかりやすいですよね。

▶ 量の比較なら棒グラフ、推移などの動きを見せるなら折れ線グラフ

▶ 3Dは余計な情報でしかないので、必ず2Dで表示

▶ 各ポイントごとにデータラベルを付加して数字の変化を追いやすく

AFTER

数字の「動き」は折れ線グラフで

線で動きがわかるため、どのように数字が変化しているのかがわかりやすい

売上推移グラフOK例

2023年売上推移

単位：万円

データラベルで数値を表示することで、縦軸を確認する手間を省いて見やすさアップ◎

ここを改善

● 「売上そのものの量を比較するのではなく、推移（動き）を見せること」がここでの目的。動きを見せる場合は、線で動きがわかる折れ線グラフが適切です。

● 縦軸の数値は削除し、各ポイントごとにデータラベルを付加しましょう。こうすれば、いちいち縦軸で数値を確認する手間が省け、推移を追いやすくなります。

● 推移の上がり下がりを明確にするために、グラフを表示する境界値も変更します。縦軸を右クリックして「軸の書式設定」から変更できます。上の例では最小値を「800」に上げてから、縦軸を消去するというテクニックを使っています。

076

スケジュールのスマートな見せ方

工期・スケジュール表

悪くはないけどもう一歩

> 年と月が見にくい。文字が小さく、無駄な余白があるので見た目も美しくない

工期・スケジュールNG例

	2023						2024											
	7月	8月	9月	10月	11月	12月	1月	2月	3月	4月	5月	6月	7月	8月	9月	10月	11月	12月

設計

開発テスト

システム仮導入　システム稼働

運用・保守

> タスクを3Dにする意味がない。余分な情報が付加されて逆効果

ここがNG

　スケジュールは、表と四角形を使って、「いつ（日程）」と「何をするのか（タスク）」を表現する必要があります。ここではスケジュールで予定している月数分の列と、タスクと年月分の6行で表を作成します。

　しかしNGのスケジュール表では、年と月が見にくいため、肝心の「いつ」という情報が把握しにくくなっています。また、タスク部分が3D加工されていることで悪目立ちしています。

　なお、もっとNGなのはテキストだけでスケジュールを表現したものです。これでは全体の流れもわかりにくいので避けたほうがいいでしょう。

▶ 「テキストだけ」のスケジュール説明はやってはいけない

▶ 時期も重要な情報なので、セルや文字サイズを調整して視認性アップ

▶ 「年」「月」「タスク」は色を使ってそれぞれを認識しやすく

色分けしてセルを結合
することで日程部分が
見やすくなった

AFTER

「いつ」「何をするか」が把握しやすい

工期・スケジュールOK例

2023						2024											
7	8	9	10	11	12	1	2	3	4	5	6	7	8	9	10	11	12

設計

開発・テスト

システム仮導入　　システム稼働

運用・保守

ここを改善

● 一番シンプルな黒い罫線だけの表にし、上の作例のように「年」「月」「タスク欄」ごとに「メインカラー」「ベースカラー」「白」という配色で塗り分けます。タスクは「アクセントカラー」で目を引きやすくします。「いつ」「何をするのか」がよりわかりやすくなります。

● 年は年ごとにセルを結合してまとめます。年月の単位はなくてもわかるので削除。数字は中央に置いて余白を作ると見やすいです。

● タスク部分の罫線は薄いグレーにすると、線が悪目立ちしません。

● 複数のタスクを書きこむことが多いので、タスク名はなるべく短く。

077

形のないものをわかりやすく見せたい

サービスやシステムの概念図

シンプルすぎて説明がないとわかりにくい

簡略化されすぎてやや味気ない。矢印の視認性も低い

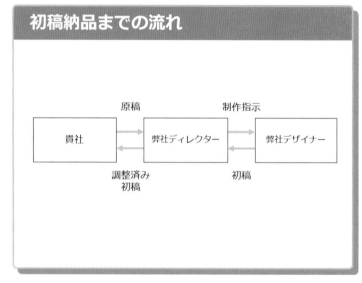

初稿納品までの流れ

	原稿		制作指示	
貴社	→	弊社ディレクター	→	弊社デザイナー
	調整済み 初稿		初稿	

ここがNG

　複雑なサービスやシステムの説明をする際に、文章だけで理解してもらうことは困難です。このような場合は、概念図の作成（図解）を行います。こういった概念図作成のポイントは「図形」「矢印」「テキスト」の3つの組み合わせです。

　左の作例のようにシンプルな四角形にテキストを入れる方法もありますが、やや味気なく感じます。他にも、図形に視覚的な差がないので、テキスト以外から得られる情報も少ない印象です。また、矢印がすべて同じ色で表現されているのも、遠目ではわかりにくいのでオススメしません。

▶ 登場人物（会社なども含む）はアイコンやイラストに置き換えたほうがイメージしやすい

▶ 矢印は、内容に応じて色を変えるとわかりやすい

▶ サービス紹介の場合は、サービスロゴを使うとブランディングにつながる

内容をイメージしやすくなり、視認性もアップした

AFTER

アイコンやロゴが使われ、内容が一目瞭然

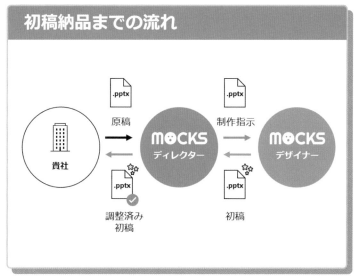

初稿納品までの流れ

.pptx　原稿　.pptx　制作指示

貴社　MOCKS ディレクター　MOCKS デザイナー

.pptx　調整済み初稿　.pptx　初稿

ここを改善

● 登場人物は、アイコンやイラストに置き換えられないか考えましょう。Webの無料素材集がオススメです。本書の作例に合うものだと、「ピクトグラム 素材」や「フラットデザイン 素材」などで検索すると見つかります。利用規約を必ず確認しましょう。

● 矢印は「誰がやることなのか」に合わせて色を変えるとわかりやすくなります。ここではサービスの主となるディレクターの作業部分を、メインカラーにしてわかりやすくしています。

● サービスの紹介なら、サービスロゴを積極的に使うとブランディングにつながります。

● 説明文のテキストの近くにアイコンやイラストがあると、説明文を読まなくてもそれが何なのかわかります。概念図が複雑な場合は、情報過多にならないよう説明文を省いてすっきりさせましょう。

078 定型フォーマットのA4一枚文書

BEFORE

定型フォーマットをそのまま利用

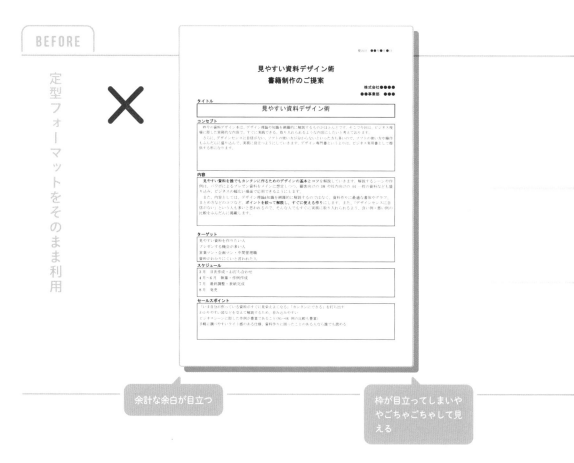

✕

> 余計な余白が目立つ

> 枠が目立ってしまいややごちゃごちゃして見える

ここがNG

　会社などで定型フォーマットが決まっている場合、大きく変更できない場合があります。あまり自由度はありませんが、工夫は可能です。フォーマットに従いただ文字を流し込んでしまうと、余分な余白が空いてしまうのに文字が小さくなったり、行間が狭すぎて見にくいなど、見やすさ・見栄えの両面においてあまり望ましくありません。ターゲット部分の箇条書きや、スケジュールなどももうひと工夫したいところです。

※今回は、項目の順序や
配置が決まっていて、
なおかつ、白黒印刷し
かできない場合を想定
し、ブラッシュアップ
しています。

提出日　●●年●月●日

見やすい資料デザイン術
書籍制作のご提案

株式会社●●●●
●●事業部　●●●

タイトル

見やすい資料デザイン術

コンセプト

　昨今の資料デザイン本は、デザイン理論や知識を網羅的に解説するものがほとんどです。そこで今回は、ビジネス現場に即した実務的な内容で、すぐに実践できる、取り入れられるような内容にしたいと考えております。

　さらに、デザインセンスに自信がない、ソフトの使い方が分からないといった方も多いので、ソフトの使い方や操作もふんだんに盛り込んで、実務に役立つようにしていきます。デザイン専門書というよりは、ビジネス実用書として提供する形になります。

内容

　見やすい資料を誰でもカンタンに作るためのデザインの基本とコツを解説していきます。解説するシーンや作例は、パワポによるプレゼン資料をメインに想定しつつ、顧客向けの DM や社内向けの A4 一枚の資料なども盛り込み、ビジネスの幅広い場面で応用できるようにします。

　また、内容としては、デザイン理論&知識を網羅的に解説するのではなく、資料作りに最適な書体やグラフ、まとめ方などのコツなど、ポイントを絞って解説し、すぐに使える作りにします。また、「デザインセンスに自信がない」という人も多いと思われるので、そんな人でもすぐに実務に取り入れられるよう、良い例・悪い例の比較をふんだんに掲載します。

ターゲット

- 見やすい資料を作りたい人
- プレゼンする機会が多い人
- 営業マン・企画マン・中間管理職
- 資料がわかりにくいと言われた人

スケジュール

3 月	目次作成・お打ち合わせ
4 月〜6 月	執筆・作例作成
7 月	最終調整・表紙完成
8 月	発売

セールスポイント

- 「いま自分が作っている資料がすぐに見栄えよくなる」「カンタンにできる」を打ち出す
- わかりやすい図などを交えて解説するため、呑み込みやすい
- ビジネスシーンに即した作例が豊富であること（NG→OK 例の比較も豊富）
- 手軽に調べやすいライト感のある仕様、資料作りに困ったことのある人なら誰でも読める

AFTER

定型フォーマットをアレンジ

タイトルや見出しが目立ちメリハリアップ。枠がなくなりすっきり

箇条書きやスケジュールなど細かい部分が見やすくなっている

ここを改善

- タイトルや見出しは「黒地白抜き」に。白黒印刷でも目立ちやすく、項目の分かれ目、存在感が明確になります。枠でグルーピングする必要もなくなり、すっきりします。
- 紙の文書作成時に使う明朝体は、太字にしても目立ちにくいです。長めの文字列は下線で強調しましょう。フォントの形や太字への対応・非対応などにも左右されません。
- 文書は装飾が制限されますが、細かな表現にこだわりましょう。箇条書きの点は大きめにすると「ポイントがいくつあるのか」がわかりやすくなります。Wordならテキストの「・」ではなく「箇条書きスタイル」を使います。スケジュールは 2 列の表を作成して左のセル（期間）を右揃え、右のセル（内容）を左揃えにして整えると印象がアップ。

079

A4サイズの紙の資料をきれいにまとめたい②

フリーフォーマットの
A4一枚文書

文字が見にくく位置もガタガタ

見やすい資料デザイン術書籍制作の
ご提案

株式会社インプレス○○事業部　○○○○

以下のようなコンセプトでビジネスマン向けの入門書の企画制作を考えております。制作は全力でサポートさせていただきますので、ご検討よろしくお願いいたします。

コンセプト

昨今の資料デザイン本は、デザイン理論や知識を網羅的に解説するものがほとんどです。そこで今回は、ビジネス現場に即した実務的な内容で、すぐに実践できる、取り入れられるような内容にしたいと考えております。さらに、デザインセンスに自信がない、ソフトの使い方が
わからないといった方も多いので、ソフトの使い方や操作もふんだんに盛り込んで、実務に役立つようにしていきます。
デザイン専門書というよりは、ビジネス実用書として提供する形になります。

ターゲット　　　　　スケジュール

・見やすい資料を作りたい人　　　3月　目次作成・お打ち合わせ
・プレゼンする機会が多い人　　　4月〜8月　執筆・作例作成
・営業マン・企画マン・中間管理職　7月　最終調整・表紙完成
・資料がわかりにくいと言われた人　8月　発売

表紙イメージ

ここがNG

　社外のクライアントに企画を提案する場合などで既定のフォーマットがない場合は、イメージ画像などを盛り込み、色もカラーにして内容をイメージしやすくするのが望ましいです。しかし、上の作例では、タイトルや見出しの文字に明朝体を使用しているため、視認性が低く目に留まりません。また、長い説明文の1行が長すぎて読みにくく感じます。せっかくのイメージ画像も、目に留まりにくい右下に配置されているのがもったいない印象です。

COLUMN

PowerPointで文書を作ろう

A4サイズの資料はWordなどの文書作成ソフトを使う人が多いですが、1〜2枚の資料ならPowerPointでも簡単に作ることができます。自由度が高いのでデザインに凝るならオススメです。事前に、編集画面の「デザイン」タブから「スライドのサイズ」をクリックし、スライドのサイズをA4に設定しておきましょう。

タイトルや見出しのフォントをイメージ画像に合うものに統一

見出しの視認性が高まり説明文も読みやすい！

見やすい資料デザイン術
書籍制作のご提案

株式会社インプレス
○○事業部 ○○○○

以下のようなコンセプトでビジネスマン向けの入門書の企画制作を考えております。制作は全力でサポートさせていただきますので、ご検討よろしくお願いいたします。

コンセプト

昨今の資料デザイン本は、デザイン理論や知識を網羅的に解説するものがほとんどです。そこで今回は、ビジネス現場に即した実践的な内容で、すぐに実践できる、取り入れられるような内容にしたいと考えております。さらに、デザインセンスに自信がない、ソフトの使い方がわからないといった方も多いので、ソフトの使い方や操作もふんだんに盛り込んで、実務に役立つようにしていきます。

デザイン専門書というよりは、ビジネス実用書として提供する形になります。

ターゲット

● 見やすい資料を作りたい人
● プレゼンする機会が多い人
● 営業マン・企画マン・中間管理職
● 資料がわかりにくいと言われた人

スケジュール

3月	目次作成・お打ち合わせ
4月〜8月	執筆・作例作成
7月	最終調整・表紙完成
8月	発売

長い文章は2段組みにして読みやすく

ここを改善

● タイトルは何の提案かがわかりやすいように「HGS創英角ゴシックUB」や「メイリオ」などしっかり太くなるフォントを選びます。最初に読ませる部分なので、作例のように簡素な装飾をしてアイキャッチにしても良いでしょう。会社ロゴと名前は右上にまとめてしまいます。

● イメージ画像は視線がいきやすい左側に、右側にテキストをまとめます。

● 見出しはタイトルとフォントやカラーを揃えると統一感が出ます。箇条書きの点の色もメインカラーにするときれいに見えます。

● 説明文のような長い文章は2段組で構成します。A4を横に使うと、1行が長くなって読みにくいので、テキストボックスを2つ作りましょう。

● 下線はアクセントカラーを使用します。

● 見出しやタイトル以外のテキストは明朝体に。紙の資料で読みやすいのは明朝体です。「MS明朝」などを設定し、フォントサイズは11〜12ptがオススメです。

自分で見た目の良いポスターを作成したい

イベント・セミナーの
告知ポスター

文字を並べただけで統一感がない

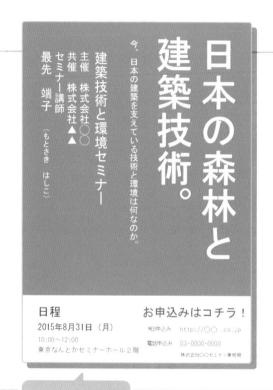

今、日本の建築を支えている技術と環境は何なのか。

日本の森林と
建築技術。

建築技術と環境セミナー

主催　株式会社○○
共催　株式会社▲▲

セミナー講師
最先　端子
〈もとさき　はしこ〉

日程
2015年8月31日（月）
10:00〜12:00
東京なんとかセミナーホール2階

お申込みはコチラ！

紙面申込み　http://○○.co.jp
電話申込み　03-0000-0000
株式会社○○セミナー事務局

文字の装飾が目がチカチカして読みにくい

　文字を置いただけではセミナーのイメージがわかない上、セミナーの内容のクオリティが低いようにも見えます。全体的に文字が細く、視認性が低く感じられます。さらに、一番目立たせたいセミナータイトルの文字に余分な装飾が施されて見にくいことも問題です。右下のエリアの文字を赤くしているのも、むやみに色数が増えるだけで、あまり効果がないように感じます。ポスターは本格的なデザインソフトがなくても、PowerPointである程度わかりやすいものを作成できます。色や文字の使い方を工夫しましょう。

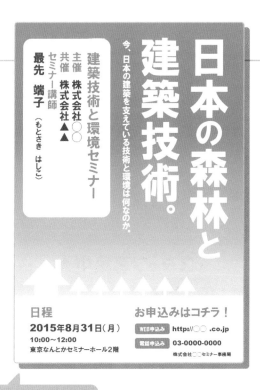

日本の森林と建築技術。

今、日本の建築を支えている技術と環境は何なのか。

建築技術と環境セミナー

主催 **株式会社○○**
共催 **株式会社▲▲**
セミナー講師
最先 端子〈もとさき はしこ〉

AFTER

色と文字の工夫でここまでキレイになる

日程
2015年8月31日（月）
10:00〜12:00
東京なんとかセミナーホール2階

お申込みはコチラ！
WEB申込み http://○○.co.jp
電話申込み 03-0000-0000
株式会社○○セミナー事務局

色分けすることで日程部分が見やすくなり、時期を把握しやすくなった

ここを改善

● 文字要素は、右から順にタイトル・サブタイトル・セミナー詳細、下のスペースに日程と連絡先などをグルーピングして掲載します。「セミナー詳細」「日程と連絡先」のエリアに白を引いて、より明確にグルーピングしたことにより、わかりやすくなりました。

● ポスターは遠くから見えたほうがいいので「HGS創英角ゴシックUB」を使用。すべてのフォントを統一しています。英数字には「HGS創英角ゴシックUB」の英字をそのまま使用するよりも「Arial Black」を使ったほうがシャープに見えます。非常に太いフォントで相性抜群です。

● タイトル文字のサイズを極端に大きくして目に留まるようにしています。タイトルは漢字だけフォントサイズを大きくしてメリハリをつけています。

● カラーリングはメインカラーのみにして統一感を出します。

● セミナーの内容をビジュアルで訴求するアイコンなどを配置するとぐっと印象が変わってきます。そのためにも、文字要素はなるべくグルーピングしてビジュアルスペースを確保しておきましょう。

● 背景が青一色だと重い雰囲気なので、メインカラーのグラデーションにします（グラデーションにするかどうかは好みで決めてください）。

081

目に留まるPOPを作成したい

ひと目でわかるPOP

大切な情報がわかりにくい

無駄な余白が多い

★スタッフ募集中★

Excelなどのデータ入力業務
- 自宅でもOK！
- 初心者大歓迎！

時給：900円
時間：10〜17時
気軽にお問い合わせください！
03-1234-5678

「スタッフ募集」よりも写真が目立っている

ここがNG

　スタッフ募集告知が目的なのに、「スタッフ募集」の要素が目に入らず、まず女性の写真に目がいってしまいます。これでは何を伝えたいのかがわかりにくく、誤解を招く恐れすらあります。フォントも、親しみやすさはありますが、信頼感には少し欠ける印象です。写真も小さく、周りに無駄な余白が多くてもったいない配置です。星マークなどの記号で強調する方法は、幼稚さや安っぽい印象を与えます。

COLUMN

PowerPointでPOPを作ろう

POPと聞くと、手書き調のものを思い浮かべる人が多いかもしれませんが、手書きPOPは、字やイラストの上手い下手が顕著に表れますし、大量生産には向いていません。字やイラストが苦手な人や、たくさん用意する必要があるという人は、PowerPointなら簡単に作成できるのでオススメです。

目的も明確で見栄えも良い

一番伝えたいことを大きく見せた

● 「何の案内か」を示す要素を一番大きく見せましょう。遠くから目につくようにする必要があるため、内容は短く簡潔に。よくあるのは「スタッフ募集」「最終処分セール」「新発売」「人気ナンバーワン」「50%OFF」など。

● 写真やイラスト素材は左右どちらかに寄せると、大きく表示しても比較的悪目立ちしません。

● 詳細情報（例えばスタッフ募集なら業務内容、セールや新発売なら商品の内容）は、1箇所にまとめて配置します。写真やイラストとの位置関係を工夫し、目に入ってくる場所に置きましょう。

● テキスト要素は情報のグルーピングを行うのがコツ。ポスターよりもサイズが小さく、狭いスペースに何種類もの情報が詰まりがちなので、作例のようにフォントサイズの大小、箇条書き、四角形などで分けていきましょう。

082

瞬時に伝わり、興味をそそる

目に留まるリリース

すぐに画面を閉じられてしまうリリース

リード文が長すぎて読むのに時間がかかる

PRESS RELEASE

TOP | エンタメ | 美容 | 生活 | ビジネス | グルメ

シリーズ累計20万部突破ベストセラーの『一生使える見やすい資料のデザイン入門』の完全版が2月XX日発売！

株式会社インプレス
2024年2月XX日

インプレスグループでIT関連メディア事業を展開する株式会社インプレス（本社：東京都千代田区、代表取締役社長：高橋隆志）は、シリーズ20万部を突破したベストセラー書籍の著者による、資料デザインの解説書『一生使える見やすい資料のデザイン入門』の完全版を2024年2月XX日（X）に発売いたします。2016年1月に発売された書籍『一生使える見やすい資料のデザイン入門』は、実務で役立つ最低限のデザイン知識を解説した資料デザインの入門書です。資料作りに悩むビジネスパーソンや、ビジネスシーンで使える入門的なデザイン知識を学びたい人から今もなお「わかりやすい！」と支持され、シリーズ累計20万部を突破するベストセラーとなっています。

プレゼン資料が劇的改善
見やすい資料の

株式会社インプレス

本社所在地

業種

電話番号

代表者名

上場

画像の対部分が見切れていてよくわからない

ここがNG

　プレスリリースで大事なことは「ファーストビュー（WEBの場合、スクロールしないで見える画面）」で伝えたいことが瞬時に伝わるかです。細かい部分を読むかどうかは、興味のあるテーマかどうかなどの個別要因もありますが、興味がなくても「画面を閉じる前に何の情報かが瞬時にわかるか」は書き手の表現力に左右されます。プレスリリースの書き方は広報の専門知識も必要になりますが、見た目の表現の部分では、2つの方法を使うとより見やすさを向上させられます。

　上の作例では、リード文が長くなっており、どんな内容なのかを理解するのに時間がかかってしまいます。これでは詳細を知ってもらうために画面を閉じられてしまう可能性大です。また、画像も大部分が見切れてしまっており、何を伝えたいのかが画像から判別できません。

▷ ファーストビューで何を伝えたいかが瞬時に伝わることが重要

▷ 短時間で読めるようリード文を短く！

▷ 伝えたい内容を図示した画像を用意する

AFTER

続きを見てもらいやすいリリース

コンパクトなリード文
なので読みやすい上に、
画像のスペースが広い

画像が見切れていても、
伝えたい内容がわかる

ここを改善

● 誤解が生じない範囲でリード文をコンパクトにしましょう。単純に文字量が少なければ短時間で読み切りやすくなり、また画像のスペースも増やせます。

● メッセージが伝わる画像（図）を用意しましょう。画像は見切れることが大半ですが、画面内で何を伝えたいのか図示できていれば大成功です。ここでは商品の表紙単品ではなく、どう変わったのかがわかりやすい図を掲載しています。ロゴや写真だけなどではなく、伝えたいことを示す情報を図にすると、何が起こっているのか一目瞭然です。

いろんな配色サンプルが知りたい！

見やすい資料の配色集

青系

本書で使用している配色です。プロジェクター投影時に眩しさを軽減するためベースは薄いグレー背景と濃いグレー文字になっています。メインの青はビジネスでよく使われる使い勝手のいい色で、補色関係にある黄色をアクセントにしています。

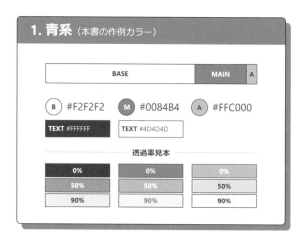

緑系

こちらもビジネス利用可能な配色例です。明るい場所や、個々人のモニターでスライドを見る環境であれば、真っ白な背景でも問題ありません。青系の配色と色の選び方は同一です。青系より比較的明るい印象になりやすい配色です。

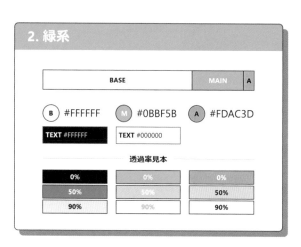

本書の作例カラーと、その他のメインカラーの配色サンプルを紹介します。
カラーコード（#以降の6ケタの文字列）を使うと、PowerPoint上で同じ色を再現できます。
色ごとの透過率見本と文字をのせる場合の文字色見本も参考にしてください。

✣ カラーコードは、図形や文字の色を選ぶウィンドウで「その他の色」をクリック→「色の設定」→「ユーザー設定」
　タブの「Hex」欄で入力することができます。

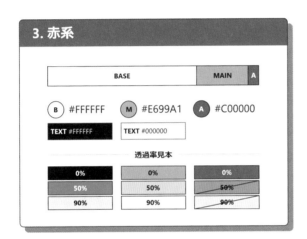

メインが赤の場合、補色は青や緑になりますが、赤が強すぎる色なのでアクセントが目立ちにくくなる可能性があります。その場合は、赤の淡い色をメインにし、濃い赤をアクセントにするのがおすすめです。

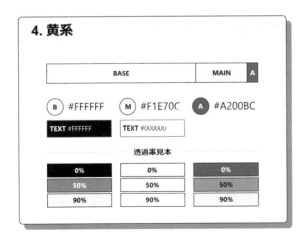

黄色も比較的強い色なので、メインにする場合はアクセントの色選びは注意が必要です。寒色から選ぶ場合は、黄色に負けない彩度の高いものを選ぶと失敗しにくくなります。難しい場合はオレンジや赤もおすすめです。

練習問題

お題をもとに見やすい資料に作り替えてみよう！

LESSON

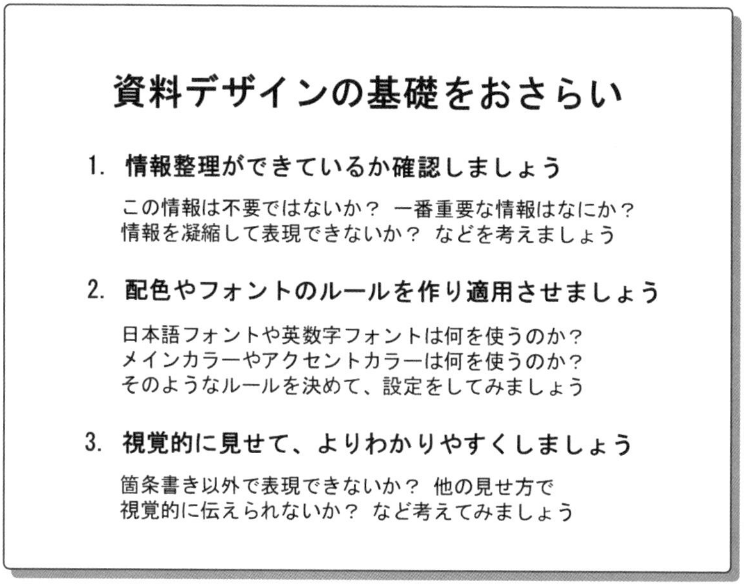

資料デザインの基礎をおさらい

1. **情報整理ができているか確認しましょう**

   この情報は不要ではないか？ 一番重要な情報はなにか？
   情報を凝縮して表現できないか？ などを考えましょう

2. **配色やフォントのルールを作り適用させましょう**

   日本語フォントや英数字フォントは何を使うのか？
   メインカラーやアクセントカラーは何を使うのか？
   そのようなルールを決めて、設定をしてみましょう

3. **視覚的に見せて、よりわかりやすくしましょう**

   箇条書き以外で表現できないか？ 他の見せ方で
   視覚的に伝えられないか？ など考えてみましょう

お題（目的）

▶ 問題スライドの内容をリデザインし、このスライドの要点が何なのかが
　瞬時にわかるようにしましょう。

これまで学んだ内容を踏まえて、
問題スライドの内容をもっと見やすく伝わるスライドに作り替えてみましょう。
つまずいたら問題スライドに書いてある内容自体や、
改善のヒントを参考にしてみてください。

要件

▶ 情報整理が徹底されている
▶ 配色などのルールが適用されている
▶ 視覚的な表現でイメージを伝えられている

要件は以上の3点です。問題スライド自体にも書いてあるので、参考にしてみてください。

改善のHINT

1 文章が冗長なので凝縮したり、例を1つだけに絞ったり、
要点が伝わるギリギリのラインまで文字量を圧縮する。

2 色選びと、どこが重要なのかが
視覚的にわかるような装飾をする。

3 既存のレイアウトにとらわれず、配置を変えたり、
アイコンを使ったりして表現する

完成したら「#見やすい資料のデザイン入門」でSNSにアップしてみてね!

INDEX

索引

森重湧太 ｜ Yuta Morishige ｜

大学院在学中に「発表資料がわかりにくい」と感じたことがきっかけで、教育工学や認知科学で学んだ知識を活用し、資料作成ノウハウをまとめた資料を2014年にSlideShareに公開。1ヶ月で閲覧数30万回を突破。それをもとに、書籍『一生使える見やすい資料のデザイン入門』(インプレス)を発刊、12万部を突破(2024年1月時点)。2015年にスタートアップに新卒入社後、資料作成代行サービスの事業責任者として200社以上の資料デザインを手掛け、コーポレートデザインにも8年従事。2021年には『見やすい資料のデザイン図鑑』(インプレス)も刊行し、前著と共に教育機関の教材、大企業の研修図書として利用されている。2023年に独立し、MOCKSを開業。企業の研修・講演や、資料デザインのアドバイス等を行っている。
https://mocks.jp/

▶ X @MorishigeYuta

STAFF

装丁・本文デザイン ……………細山田光宣＋松本 歩
　　　　　　　　　　　　　(細山田デザイン事務所)
イラスト ……………………………山内庸資
DTP ………………………………柏倉真理子
校正 ………………………………聚珍社
編集担当 ………………………和田奈保子

本書の記載は2024年1月時点での情報をもとにしています。そのためお客様がご利用される際には、情報が変更されている場合があります。紹介しているハードウェアやソフトウェア、サービスの使用方法は用途の一例であり、すべての製品やサービスが本書の手順と同様に動作することを保証するものではありません。あらかじめご了承ください。

**本書のご感想を
ぜひお寄せください**

https://book.impress.co.jp/books/1123101070

読者登録サービス
CLUB impress

アンケート回答者の中から、抽選で図書カード(1,000円分)などを毎月プレゼント。当選者の発表は賞品の発送をもって代えさせていただきます。
※プレゼントの賞品は変更になる場合があります。

■商品に関する問い合わせ先

このたびは弊社商品をご購入いただきありがとうございます。本書の内容などに関するお問い合わせは、下記のURLまたは二次元コードにある問い合わせフォームからお送りください。

https://book.impress.co.jp/info/

上記フォームがご利用いただけない場合のメールでの問い合わせ先
info@impress.co.jp
※お問い合わせの際は、書名、ISBN、お名前、お電話番号、メールアドレス に加えて、「該当するページ」と「具体的なご質問内容」「お使いの動作環境」を必ず明記くださ い。なお、本書の範囲を超えるご質問にはお答えできないのでご了承ください。

●電話やFAXでのご質問には対応しておりません。また、封書でのお問い合わせは回答までに日数をいただく場合があります。あらかじめご了承ください。
●インプレスブックスの本書情報ページ https://book.impress.co.jp/books/1123101070 では、本書のサポート情報や正誤表・訂正情報などを提供しています。あわせてご確認ください。
●本書の奥付に記載されている初版発行日から3年が経過した場合、もしくは本書で紹介している製品やサービスについて提供会社によるサポートが終了した場合はご質問にお答えできない場合があります。

■落丁・乱丁本などのお問い合わせ先

FAX：03-6837-5023
service@impress.co.jp

※古書店で購入された商品はお取り替えできません。

一生使える見やすい資料のデザイン入門 完全版

2024年2月21日　初版発行

著　者　森重湧太
発行人　高橋隆志
発行所　株式会社インプレス
　　　　〒101-0051　東京都千代田区神田神保町一丁目105番地
　　　　ホームページ　https://book.impress.co.jp/

印刷所　シナノ書籍印刷株式会社
ISBN978-4-295-01851-3 C3055
Printed in Japan